JN127586

吉田太郎［著］

タネと内臓

有機野菜と腸内細菌が日本を変える

まえがき

「タネと内臓」。奇を衒ったタイトルのように思われるかもしれない。けれども、これは言葉遊びではない。本書は、農作物の源であるタネと、人間や動物の脳の働きを司り、生命の源である内臓についての本だ。タネをキーワードに食や農と健康とのつながりを探ってみた本だ。そうしたくなったのにはわけがある。

「すい臓に何らかの障害があります。明日から緊急入院してください」

病院で糖尿病の専門医師からいきなり言われたのは三年前の二〇一五年一一月末のことだった。血液中の糖分は健常者では一%程度に保たれている。空腹時血糖値が一三〇ミリグラム／デシリットル、つまり、一・三%以上あると糖尿病とされるのだが、それが四〇〇ミリグラム／デシリットルもあった。

糖尿病は不摂生や暴飲暴食でかかるとされる生活習慣病なのだが、まったく心当たりがない。何の前ぶれもなく、いきなりすい臓機能が悪化する可能性は、すい臓がんかⅠ型糖尿病しかない。後者は全体の一割以下でしかなく、おまけに大半が幼少期に発症する。それも、一〇万人に二人程度だ。

思わず死を覚悟した。ただ、入院後の精密検査の結果、腫瘍はなく診断結果はⅠ型糖尿病だった。だから、三年後のいまもこうしてこの本を書けている。

とはいえ、「なんで五〇歳代でいきなり？」。腑に落ちないまま早朝に一本、毎食毎に三本。計四本、外国の製薬会社が遺伝子組み換え技術を用いて製造したインスリンを打つ生活が始まった。インスリンは血中の糖分を脂肪に転換するホルモンだ。血糖値は下がったもののたちまち腹が出てきた。さらに、一年も経つと薬が効きすぎて低血糖症状に襲われたり、いくら薬を打っても数値が正常化しないなど、体調管理もままならなくなってきた。毎月の病院通いごとに支払う出費もばかにならない。

そんな闘病生活を変えたのが本書で登場する「NAGANO農と食の会」の二〇一七年の五月の例会で話題になった一冊の本だった。築地書館の『土と内臓』――農作物と土壌、食べ物と腸との関係が瓜二つであることを描いた快著だ。有機農業や第4章で詳述するアグロエコロジーの大切さは頭ではわかってはいたものの、まさに知識は脳内にとどまって、食生活、つまり、内臓とは一致していなかった。せっかく、「NAGANO農と食の会」に所属しているのである。知行合一、「理論と行動を合致させなければ」と、メンバーの有機野菜を多少は高くても買い、外食や加工食品を極力控え、ラーメンやうどんも止め、マメや野菜中心の食生活へと変えてみた。朝食は有機野菜のスムージーやギー（インドで有名なバターオイル）を入れたコーヒーだけを飲むようにしてみた。するとどうであろう。まさに『土と内臓』に書かれていたのと同じく、便の質、すなわち、腸内細菌叢の構成がまず変わり、それとともに、インスリン注射によって増えていた体重が一気に一〇キログラムも落ち、ズボンのベルトがブカブカになった。そして、インスリン注射をしなくても血糖値が正常化していった。

けれども、「なぜいきなり?」と、腑に落ちずにいた発病理由も本文で登場する「日本の種子（たね）を守る会」の事務局アドバイザーを務める印鑰智哉氏の講演を二〇一七年九月に聴くことで自分なりには合点がいった。遺伝子組み換え農産物に伴うグリホサートを摂取することで腸内細菌のバランスが崩れ、リーキーガット症候群（腸漏れ症候群）を併発することで自己免疫疾患が起こり、米国では糖尿病をはじめとする難病が急増しているというのだ。一方、人間の自然治癒力も無視できない。有機農産物を食べ、腸内細菌のバランスを整えれば、健康は回復する。いま米国では有機農業の一大ブームが起きている。

「とあるスーパーで有機農産物のコーナーがないなと思って探したら、店全部が有機になっていたのです。若者たちの間で一番クールなことは有機農業をやることです」

二〇一八年八月下旬に訪米された印鑰智哉氏はそう現地の生情報を語る。

翌九月上旬に西海岸を訪問された山田正彦元農相は、スーパーで山のように積み上げられた非遺伝子組み換え食品や有機農産物を前に「普通の食品はどこにあるのですか」と思わずつぶやいてしまう。この問いかけに、第3章で登場するゼン・ハニーカット氏はこう語ったという。

「有機農産物は価格的には割高ですが以前は年間に一二〇万円もかかっていた家庭の医療費が一〇万円になったんです」

ハンバーガーとフライドチキンというイメージしかなかった米国の食事情は急変しつつある。

いま、「タネ」が大企業に支配され、金儲けの道具にされようとしている。タネが失われれば農業は画一化する。農業生態系が画一化すれば害虫が発生し農薬が必要となってくる。農薬が散布されれば土壌細菌が死滅し、死んだ土からできた作物は栄養がない。カロリーだけのカスのような食べ物を口にしていれば腸内細菌も画一化して死滅する。そして、腸内細菌が死滅したときに内臓は……。そう。タネと内臓は直結するのだ。

山田正彦氏の『タネはどうなる⁉︎——種子法廃止と種苗法適用で』(二〇一八年　サイゾー)や堤未果氏の『日本が売られる』(二〇一八年　幻冬舎新書)をはじめ、種子法廃止をめぐる良書は何冊も出ている。

腸内細菌はブームもあって翻訳書を含めて読み切れないほどの本がでている。小規模家族農業の重要性を指摘した専門書も愛知学院大学の関根佳恵准教授が書かれている。アグロエコロジーの名を冠した本も何冊かあり、うち一冊は恥ずかしながら筆者が書いている。けれども、タネとアグロエコロジーと小規模家族農業と腸内細菌までを横串で貫いてつないだ本は、筆者が知る限りまだない。そして、一見バラバラのように見える上述したトピックは「多様性（ダイバーシティ）」というキーワードによって根っこのところでつながっている。

第3章で詳述するようにグリホサートは土壌細菌も腸内細菌も殺す。結果として無数の自己免疫疾患患者を産む。

「ですから、僕は少しでも被曝者を減らしたいんです」

そう語る印鑰智哉氏の発言を講演会場で聞いていた筆者は思わずうなずいていた。もちろん、筆者のI型糖尿病がグリホサートが原因だとは断定ができない。主治医も「原因は不明だし、あなたはたまたま糖質制限食が体質的にあっていたのだろう」と普遍化を避ける。おまけに、今は血糖値が安定しているとはいえ、いつ悪化するかわからない。ラーメンやアイスクリーム等、以前は好物だった糖分を多く含む食べ物は今も一切口にできない。浅学非才を顧みず、この小冊子がタネと内臓とを結ぶことにあえて挑戦してみたのも、まさに筆者に当事者意識があるからだ。

では、その物語をはじめてみよう。まずは、タネからだ。初めに予告しておくが、第1章から6章までは憂鬱な話が続く。海外とこの国の現状とのあまりのズレに気分が滅入ってくるはずだが、事実を知らなければ何事も始まらない。けれども、ご安心いただきたい。あとがきには筆者なりのささやかな「処方箋」

を書いた。そして、国連と地方自治体という二つのレベルで着実に状況は良い方向に向かっている。

いま、本書を手に取られ、ここまでお読みになられたのも何かの「ご縁」である。ぜひ、最後まで筆者の学びの追体験におつきあいいただきたい。「タネと内臓」とが表裏一体であることが「五臓六腑にしみわたり」腹に落ちてわかったとき、まさにあなたの身のまわりからこの国の悲しい現状も変わってゆくにちがいない。

第三刷にあたっての付記

本書が刊行されたのは二〇一八年一二月だが、時代に流れは筆者が考えている以上に早い。一年も経ない間に大きく情勢が変化している。目についた事実をいくつか列挙することで補完しておきたい。

まずは、ラウンドアップの発がん性を巡る動きでだ。二〇一八年八月のデワイ・ジョンソン氏（本書二六ページ）の勝訴に続いて、二〇一九年三月二七日、ラウンドアップを長年使用したことでがん（非ホジキンリンパ腫）を発症したとするエドウィン・ハードマン氏の訴えに対して、サンフランシスコの裁判所はモンサントに約八八億円の支払いを命じた。五月一三日には、同裁判所は、同じくがんを発症したアルバ・ピリオドとアルベルタ・ピリオド夫妻の訴えを認め、約二二〇〇億円の支払いを命じた。個人訴訟として金額が桁外れなのは、モンサントは以前から発がんのリスクを知っていたにもかかわらず、それを消費者に警告せず、かつ、科学者や監査機関への工作をしたことが悪質だと解釈されたためだ。この裁判は金額が大きかっただけに日本でも珍しく報道された。

一方、モンサントの本部のあるミズーリ州の裁判所に対して、二月一三日に、ロバート・ケネディ・ジュニア弁護士が訴訟を起こした。その名前から想像されるとおり、ケネディ大統領の甥にあたる辣腕の環境弁護士である。「人間やペットにはない酵素をターゲットにしているため健康上、問題がないと消費者に説明していたことが偽りだ」（本書三五ページ）というのが理由である。この八月には山田正彦元農相が同弁護士に対して、インタビューを行っているが、五月の高額の判例が可能となったのも、ラウンドアップに発がんのリスクがあるとの同社の内部機密資料を証拠として裁判に出すことに成功したからだという。

欧州はもちろん、中国や韓国もラウンドアップや遺伝子組み換え農産物への規制を強めている。狙った遺伝子を切断する「ゲノム編集食品」にはリスクがないというのが米国の見解だが、多くの研究者は未知の技術である以上、安全性が確認できないと判断し、欧州司法裁はゲノム編集作物にも遺伝子組み換え規制を適用している。日本では九月一九日に消費者庁が遺伝子を切断する「ゲノム編集」技術で開発した食品については、食品表示を義務化しない方針を示した。早ければ二〇一九年一〇月にも流通する。

こうした国の動きに対して、地方自治体レベルでは条例等によって住民の健康を守ろうとする動きが高まっている。例えば、本書一三二ページでは長野県での条例づくりの動きについて記述したが、「長野県主要農作物及び伝統野菜等の種子に関する条例」として、令和元（二〇一九）年六月定例会において可決され、七月一六日に公布された。同条例が画期的なことは旧種子法が対象としていた米、麦、大豆に加え、対象外であったソバや伝統野菜・在来種の保全にも踏み込んでいることにある。

第四刷にあたっての付記

三刷から二年経つ中、種苗法改正やゲノム農産物の登場、バイテク技術を活用する「みどりの食料システム戦略」の制定、米国でのグリホサート販売禁止に向けた動き、フランス発のアグロエコロジーからEU全体での「食卓から農場戦略」(拙著『コロナ後の農と食』で詳述)と一冊の本が新たに書けるほど世相の動きは慌ただしいが、タネ、食、腸内細菌のつながりについての本書の内容はコロナ禍によってさらに現実味を帯びてきた。免疫力が着目され、ベジタリアンブームが起きている。

コロナの発病や重症化には、免疫力が関係するとの仮説がある。実際、大打撃を受けた欧米でも百万人当たりの死亡率がフランス九三五人に対してドイツはわずか七人(二〇二〇年五月の死亡率)。イタリアでも北部のロンバルディア州の一六〇〇人に対して地中海食を食べる南部では五〇人だ。

本書の四四ページでは鳥インフルエンザの発生と免疫力との関連を述べたが、ヒトでも同じことが言えるのかもしれない。さらに、一二九ページで書いたザワークラウトも関係してくる。

呼吸器内科が専門の、モンペリエ大学ジャン・ブスケ名誉教授の研究によれば、ドイツを含め低死亡率国は伝統的な発酵食品を食べており、一日当たり消費量が一g増すごとに死亡リスクが三五・四%減るという。ザワークラウトの予防効果には生理的な根拠もある。コロナウイルスは、主に肺に見られるアンジオテンシン変換酵素(ACE2)と結合し体内へと進入。第七章で描いた炎症を誘発し症状を悪化させる。けれども、転写因子(DNAに結合して遺伝子の発現を制御するタンパク質)Nrf2を活性化できれば症状を緩和できる。そして、最強のNrf2の活性化因子、スルフォラファンと乳酸菌が発酵野菜にはたっぷりと含まれている。人類は新石器時代以来、発酵食品を食べてきた。コロナとは自然からの乖離が引き起こした感染症、まさに「人新世」の病と言えるのである。

タネと内臓　有機野菜と腸内細菌が日本を変える

第1章　タネはいのち――アニメの巨匠が描いた世界

日本の野菜の種子の自給率はわずか一割

二〇一八年二月四日。長野県小諸市で開催された野口勲氏の「タネ」の講演会を聴講にいった。野口氏は著作『タネが危ない』（二〇一一年　日本経済新聞出版社）で知られた在来種（固定種）の専門家だが、二〇〇人以上が入るホールが満席で動けないほどだった。東京ならばまだしも、人口が四万人の地方都市でだ。多くの人が「タネ」に関心を持っていることを改めて体感した。

野口氏は、野菜のタネのほとんどがＦ１品種になっていることを問題視する。在来種と違って均一に育つから大量生産や大量流通には向く。けれども、自家採種できないから農家は毎年、種子会社から種子を買わなければならない。さらに、野菜の種子は九割が海外産だという。おまけに、世界では種子企業の寡占化が進んでいる。農業の自由競争のあおりを受けた韓国には国内種苗メーカーはもはやない。キムチ用のトウガラシやパプリカもすべて外国品種だ。「青陽唐辛子」も開発した会社がモンサント（モンサントも二〇一八年にドイツのバイエル社に買収された）に買収されたため、ロイヤルティを支払わなければ作れない。輸入種子に支払われるロイヤルティだけで年間二〇〇億ウォン（約二〇億円）を超す[1]。種子を制する者が世界を制するという言葉が実感できるではないか。

それはさておき、講演を聞いて一番印象に残ったのは、手塚治虫が縁で「タネ屋」を天職にしようと思ったというエピソードだった。氏の祖父が創業した「野口種苗」は農林大臣賞を連続受賞する「みやま小かぶ」という優れた在来種も持っていた。けれども、農業の近代化とともにF1種に押されていく。ふぞろいなタネたちの時代は終わったと感じた氏は、家業を継がず学生時代から好きだった手塚治虫の「虫プロ」に入社する。けれども、そこで意外な出会いがあった。『火の鳥』の初代担当編集となったのだが、生原稿からじわじわと伝わってくるメッセージの根幹が「生命の尊厳」にあることを知り、改めて家業のタネ屋を継ぐことを決意したという。だから野口種苗店の看板には手塚治虫が描いた『火の鳥』が掲げられている。

自然農法を描いた先駆的アニメ『地球少女アルジュナ』

野口氏には、二〇一三年二月に自然農法の創始者・福岡正信の生誕一〇〇年を記念したシンポジウムが開催された折に伊予市の福岡正信翁の農場跡地でもお会いした。

日本でこそあまり知られていないが、世界的には「農聖」として尊敬され、著作『わら一本の革命』は二〇か国語以上に翻訳され、一〇〇万部以上も増刷されている。そして、翁をモデルにした人物が登場するアニメもある。河森正治監督が製作し二〇〇一年にテレビ東京で放映されたアニメ『地球少女アルジュナ』だ。そのコンテンツは今見ても古びていない。

主人公である女子高生の樹奈はバイク事故で臨死状態となり、地球の意識体からあるミッションを授かって生還するのだが、第一話でいきなり原発がメルトダウン事故を起こす。それ以降も、抗生物質配合飼料や薬剤耐性菌、遺伝子組み換え作物による腸内細菌の乱れといった今はホットとなった話題が次から次へと登場する。

「世界を支配するには武器を使うよりもタネや食料を独占する方が遥かに効率的だからな。自由貿易という名のもとに全てが正当化されようとしている。所詮自由貿易という言葉は一人勝ちしようとした国家や多国籍企業が生み出した幻想にすぎんのにな」

こうした本質を突いたフレーズがさりげなく飛び出す。唯一人類が救われるとすれば、自然と調和した農業に帰るしかない。福岡正信翁をモデルにした老人が語る会話も本質をついている。

「土が弱るから肥料がいるようになる。肥料をやった畑ほど虫に食われ、餌を与えすぎた家畜ほど病気になる。その虫や病原菌を殺す為に薬を撒いたり飲ませたり。姿ばかり大きくて弱くなった作物を人間が食べたとしたら」

虫も草も一緒になって野菜や米を育てているのになぜ殺すのか。そう問いかける樹奈に対して老人はこう答える。

「忘れたんじゃよ。目先の効率と上辺の綺麗さに目が眩んで、虫も草も大地も未来の自分であることを忘れたんだ」

そして見てくれが悪い野菜の前でこう語る。

「形も大きさもばらばらでスーパーやコンビニじゃ誰も見向きもしてくれん。それでもなあ、こんなじじいの道楽でも一〇人二〇人の食いぶちぐらいなら朝飯前でとれるんだがなあ」

地球の人口が六〇億人以上もいる中で、一〇人や二〇人養ったところで何の足しにもならない。そうあざける恋人に対して、樹奈はポツリとこう語る。

「でもそれって、たった一〇人に一人の道楽もんがおるだけでみんなが食べていけるってことなんちゃうん？」

もう一度、繰り返す。このアニメが製作されたのは二〇〇一年だ。なるほど自然と調和した小規模農業は以前から一部の研究者が着目はしていた。けれども、食料の権利に関する国連の特別報告者に指名されたオリビェ・ドゥ・シュッテル教授が、アルジュナの中で「じじいの道楽」と表現されたことの重要性を提唱したことで世界の空気が変わったのは二〇一一年だ。二〇一三年には国連貿易開発会議（UNCTAD）がアグロエコロジーへの転換を提唱し、二〇一四年には国連が国際家族農業年を打ち出す。翌二〇一五年は国際土壌年だ。二〇一四年には国連食糧農業機関（FAO）も国際アグロエコロジーシンポジウムを開催する。

「身近な友人や知人と食料をお裾分けしあう小規模家族農家を保全することでしか地球から飢餓は根絶できない」

国連の専門家が樹奈の感想とまさに同じ結論に達したのは一〇年以上も後だ。あまりにも早く時代を先取りしすぎたアニメといえる。

自然農法といえば、長野県松本市には、公益財団法人自然農法国際研究開発センターがあって自然農法に適した「種子」の研究開発が行われているのだが、同じ松本市には、「坐禅断食」で有名な野口法蔵師という臨済宗の僧侶もいる。二〇一七年一二月と二〇一八年七月及び一〇月には縁あって師が松本市で開催した坐禅断食会に参加したのだが、不思議な縁でここでもタネと福岡正信翁に出会うこととなった。法蔵師の令夫人、令子さんの実兄は京大の哲学科の学生時代に自然農法に魅せられ翁の後継者とされていたという。その縁で法蔵師が庵を訪ねた折に「六角堂を君にやろう。ここにきてこれをやらんか」と言われたという。最終的に法蔵師は辞退するのだが、もし引き受けていれば師の断食道場は松本でなく伊予で開かれていたことになる。そして、七月の坐禅断食会の法話のテーマは腸内細菌で、いのちと健康を守るためにも遺伝子組み換えではない在来種子が大事だということだった。[2]

宮崎駿の処女作『シュナの旅』は種子がテーマ

福岡正信翁の著作『わら一本の革命』（二〇〇四年　春秋社）を共同英訳した黒沢常道氏ら、生前から翁と交流があった人たちを中心に「福岡正信さんと自然農法を愛する会」という勉強会がある。二〇一八年一月末に都内で開かれた学習会は、映画『ホピの予言』の上映とその監督、故宮田雪（きよし）の令夫人、辰巳玲子氏の講演だった。ウランを地中から掘り出し核を扱えば人類が滅びると憂えたネイティブ・アメリカン、ホピ族の長老たちのメッセージを宮田雪氏は七年がかりでドキュメンタリー化するが、完成した一九八六年にチェルノブイリで原発事故が起きたことから注目された。一九八四年に封切られた宮崎駿監督の『風の谷のナウシカ』とともに奇妙なリアル感があって三〇年前に一度見たことがある。そして、この勉強会の場で遭遇したのも意外な縁でアニメとタネだった。当時は、原発の危険性に警鐘を鳴らしても誰も耳を傾けない。そこで、宮田雪氏は、アニメ「海のトリトン」「ルパン三世」等のシナリオで稼いだ資金のすべてを注ぎ込んで自費で映画を製作したという。講演で辰巳玲子氏は『風の谷のナウシカ』とほぼ同時期に描かれた宮崎駿の処女作『シュナの旅』（徳間書店　一九八三年）を紹介した。

「作物が育たない貧しい国の王子シュナは国を救うために大地に豊饒をもたらすという『金色の種』、すなわち麦を求めて旅に出て、麦を携えて故郷への帰還を果たします。チベットの民話『犬になった王子』をベースに描き下ろしたマンガですが、人が魂を売り渡すことによって、いのちそのものである種子を売り渡す時代が来ることを、クリエーターだけに宮崎氏は直感したと思うのです」

辰巳氏がこの商品を紹介したのは、宮田氏がマンガの関係で野口勲氏と縁があったり、この物語の内容が「種」にまつわることもさりながら、それ以上に、一九八六年NHKラジオドラマで『シュナの旅』そのものを脚色したこともあったからだ。

チベットといえば、野口法蔵師もつながる。マザーテレサの「死を待つ人々の家」を取材したことを契機に、新聞社の記者を辞し、ヒマラヤで修行を重ね、一九八三年にラダックで得度。一九八六年には、ダライ・ラマ法王から院号禅処院を寄与されている。

つながりはまだある。手塚治虫と並ぶ漫画界の巨匠、宮崎駿は世界で最も尊敬する人の一人は福岡正信だと述べている。

「福岡正信さんはいまから三〇年以上も前に当時は誰も種子のことを意識していなかったのに『これまで百姓たちが手にしていた種子を多国籍な種子メジャーが支配して種子を世界戦略に使っていく時代が来る』と言われ、ご自分で開発された自家採種ができるコメ籾、『ハッピーヒル』を行く先々で手渡していました」

黒沢氏とともに学習会を主宰し福岡翁と親しかった矢島三枝子氏が語る。

人間が作ったデータは、パソコン上のデジタル情報であれ、和紙に描いた文字情報であれ、石に刻み込んだ象形文字であれ、いつしか消えていく。けれども、生命の情報は消えない。その生命が滅びない限り、未来永劫、連綿として継承されていく。となれば、「種子」を守ることは一番大切なことなのではあるまいか。野口勲氏はその著作でこう書いている。

「タネを播くことは、食の安全・安心のためではない。あなたがなくなった後も、家族の手によって採り

20世紀からタネの重要性に気づいていた福岡正信翁。左手には粘土団子のハッピーヒル種の稲をもっている。(『わら一本の革命-統括編-粘土団子の旅』〈2001〉自然樹園〈小心社〉より)

継がれ、子孫の身体の一部になれば、そのとき、あなたは永遠の一部になるだろう[3]」

けれども、このタネの存続が実はいま危ない状況に置かれている。戦後サンフランシスコ講和条約が発効した一九五二年に「主要農産物種子法」(以下、種子法)が制定され、各道府県にコメ、ムギ、ダイズと主食の種子の生産が義務づけられてきたため、野菜と違って主食の種子は一〇〇%自給できてきた。コメだけでも各地域の風土に適した三〇〇種もの品種が公的に保存されてきた。けれども、二〇一八年四月一日からいきなりこの法律が廃止されたのだ。辰巳玲子氏は種子法廃止に危険な匂いを感じ山田正彦元農相が顧問をしている「日本の種子(たね)を守る会」の立ち上げ会でリーフレット販売を手伝ったという。いのちの象徴でもあるタネを守る種子法はなぜ廃止されてしまったのだろうか。

第2章　タネから垣間見える、もうひとつの世界の潮流

種子法廃止はアグロエコロジーや腸内細菌とも関係する

「種子法が廃止されるというのですがご存じですか」

「はぁ？　種子法？」

「ＮＡＧＡＮＯ農と食の会」の小山都代共同代表からこんな質問を受けたのは二〇一七年一一月に同会が開催した勉強会の場においてだった。「ＮＡＧＡＮＯ農と食の会」とは、ＮＨＫ大河ドラマ「真田丸」にも登場した真田藩が開いた城下町松代で、有機農家や料理人、八百屋たちが集まって結成したグループだ。小山さん他、有機農家の久保田清隆氏と渡辺啓道氏が代表を務めている。毎月開催される勉強会には参加してきたのだが、ピンとこないし、種子法が廃止されることになった事実も知らなかった。

あわててネットを検索してみると京都大学大学院の久野秀二教授、龍谷大学の西川芳昭教授等の発言や日本農業新聞の記事はヒットしたが、どうもよく概要がわからない。大手メディア一切がだんまりを決め込んでいるからだ。そんな中でやっと見つけ出したのが、印鑰智哉氏のブログとフェイスブックだった。

印鑰智哉氏は二〇一五年二月に明治学院大学で開催された「アグロエコロジー会議」でも演者を務めたアグロエコロジー研究の第一人者だ。二か月前の九月には、歌手、加藤登紀子さんが中心となって立ち上

げた「ラブファーマーズ・カンファレンス」の学習会で遺伝子組み換え農産物が腸内細菌に与える影響の話を聞いたばかりだった。

印鑰氏が他の識者と違っていたのは、種子法廃止をアグロエコロジーはもちろん、遺伝子組み換え農産物、小規模家族農業、土壌保全、腸内細菌といった人びとの健康や食べ物に関わる多岐にわたる要素と絡め、かつ、欧米やインド、フィリピン、ラテンアメリカといった世界各地での動きと重ねて論じていたことだった。

「なんだって！　これらが種子法廃止と全部つながるのか。だとしたら、これは大変なことが起きているのかもしれない」

土壌と腸内細菌とが深くかかわっていることは『土と内臓』（二〇一六年　築地書館）が「ＮＡＧＡＮＯ農と食の会」の勉強会で取り上げられて以来、毎回話題になっている。思わず身体が震えた。

その後、二〇一七年一二月には『農文協ブックレット　種子法廃止でどうなる？』も緊急出版されるが、秋の段階ではとにかく情報がなかった。

事実だとすれば大問題である。情報を集めなければならない。二〇一七年一二月一六日と二五日に都内で開かれる山田正彦元農相の講演会、一二月一七日の「日本の種子（たね）を守る会」のメンバーでもある作家の島村菜津氏の講演会や愛知学院大学の関根佳恵准教授の小規模家族農業の講演会。何度も東京と長野を往復しては情報収集に励んだ。その結果、わずか数か月の突貫工事、付け焼き刃でありながらも、種子法を取りまくなんとも怪しげな枠組みがおぼろげながら見えてきた。

既得権益の打破か日本の主権の身売りか、種子法廃止をめぐる両極端の見解

状況理解に役立てるためにまず相反する両極端の見解を述べておこう。まずは種子法廃止支持論からだ。「種子法という厄介な法律があったがために、さして米を生産していない県ですら独自に種子を確保しなければならなかった。地域特性が求められる時代だ。金太郎飴のような全国一律の法律は廃止した方がいい」

「種子法という厄介な法的縛りがあったがために民間が種子開発に参入したくても自由がなかった。それどころか、種子の知的財産は役人が独占し、どれだけ優秀な民間の研究者が活かしたくても情報提供すらされない。種子は役人たちの既得権益の温床になっている。これでは、国民のためになる良い種子の開発も進まず国際競争力もつかない」

この見解に立てば、まさに種子法廃止は時宜を得た政策だし目くじらを立てて騒ぎ立てるほどのこともない。それどころか、悪法の廃止、農業競争力の強化につながる改正ですらある。事実、東京都はすでに撤退しているし、大阪府、奈良県、和歌山県も二〇一八年度からは一部業務を外部委託し始めている。

けれども、次のような廃止を懸念する側の見解を聞かれたら如何だろうか。

「(1) 種子法廃止（公共種子事業の廃止）、(2) 公共種子情報の企業への無償提供（農業競争力強化支援法）、(3) 種の自家採種の禁止（種苗法改定）、(4)「非GMO（遺伝子組み換えでない）」表示の実質禁止、(5) 全農の株式会社化、(6) ラウンドアップ（グリホサート）の残留基準値の大幅緩和、(7) ゲノム編集の野放し方針。この『7連発』は、すべて特定のグローバル種子企業への便宜供与のための一連の措置である。[1] モンサント社とドイツのバイエル社との合併は、遺伝子組み換え食品を食べさせ、病気

になった人をバイエル社の医薬品で治す需要が増えるのを見込んだ「新しいビジネスモデル」との見解もある。[1,2] 従順な日本だけが世界で唯一・最大の餌食にされつつある[1]」

実際、第3章で詳述するように、遺伝子組み換え食品の消費と関連して、不妊や流産、アルツハイマー病、糖尿病、自閉症等あらゆる病気が激増している。遺伝子組み換え農作物はミネラルもろくに含まれず栄養がなく、米国はもちろん、ロシアや中国も忌避している。遺伝子組み換え農作物とセットの除草剤ラウンドアップ（グリホサートが主成分）も発がん物質としてEUをはじめ世界中が禁止に向かっている。となれば、前述した見解のように、種子法廃止はまさにラウンドアップとセットで遺伝子組み換え種子を売りつけ、多国籍企業（日本の化学企業も含む）がタネを支配するための壮大な謀略の一環のように思えてくる。

後者の鈴木宣弘東京大学大学院農学生命科学研究科教授の見解はあまりにラジカルすぎるように思える。しかし、印鑰智哉氏が海外の現場を通じて集めてきた情報や海外で農業問題を研究されている船田クラーセンさやか博士をはじめとする知人や友人からの情報、あるいは、英文を検索して自分なりにネット収集した情報を集約してみても、日本のマスコミではほとんど報道されないものの、鈴木教授の説こそがまさに正鵠を射ているとの結論を下さざるを得ないのである。

犯罪テレビドラマ、「刑事コロンボ」では最初から真犯人がわかっているが、引き立て役として偽犯人が登場する。状況からして容疑は濃厚なのだがさすがはコロンボ。「あたしゃ、どうしてもここんところが納得がいかないんです」と釈然としない違和感にこだわる。そして、真犯人が見つかるとすべての疑問が理路整然と消え去り一気に事件は解決する。種子法廃止もこれと似ている。二〇一七年一二月二五日に都内で開かれた勉強会では「民間参入を促進するため、あくまでも省独自の判断で自主的に種子法を廃止した」「中食や外食の需要が増え、価格が安いものが求められているのにそれに対応できない」「種子法が廃止されても、これを種苗法に位置づけたために問題がない」と農水省の穀物課長は信憑性が高い動機を説明されたのだが、コロンボ流にいえばこれが釈然としないポイントなのだ。

例えば、一〇年前の二〇〇七年四月にも「民間参入を法律が阻害している」と批判された折には当時の竹森三治農産振興課長は「七品種が奨励品種となっており、民間が育成した品種でも優良なものは積極的に採用するよう指導している」と真逆の説明をしている。それ以降、状況が変わったとすれば、米国の意向を汲んだ規制改革推進会議（内閣総理大臣の諮問機関、第三次安倍内閣により設立）が二〇一六年一〇月に「種子法を廃止せよ」と提言したことくらいしかない。となると、民間活力云々というのは後付けの説明であって推進会議からの外圧を受けてやむなく廃止したのではないかを思えてしまう。

二番目の説明も奇妙だ。「では、どのような民間業者から種子を開発したいとの声があがっているのですか」との質問が会場からあると、「外圧を受けて制度改正したわけではないが、どのような民間があるのか掘り起こしている段階」と聞かれてもいないのに外圧を否定したりと答えがチグハグなのだ。性格が正反対で開発者の権利を守る種苗法に位置づけたという説明もおかしい。ラテンアメリカをはじめ世界各国で遺伝子組み換え種子を導入するにあたって多国籍化学企業、モンサントが行ってきたのは、まずその国に内政干渉し種子法を廃止させ、知的財産権として自社の権利を確立した種子を種苗法（モンサント法）の中に位置づけさせることだったからだ。

世界の潮流と逆行する日本の農政

いま、日本の農業では「スマート農業」「農業ロボット」「ICI農業」といった言葉が話題を呼んでいる。これからは『農家』ではなく『農業経営者』の育成が必要だとの主張も目立つ。けれども、効率や経営を重視した農業のゆきつく先は、テクノロジーに支配される工業的農業であって、そこで利潤を得るのは先端技術を持った大企業やIT企業、化学企業だけではないだろうか[3]。

第1章でも指摘したとおり、世界の流れは、スマート農業や企業型農業モデルとは正反対のアグロエコロジーへと向かっている。家族農業による多様な在来種の保存と土壌動物や微生物を活かした農法によって、あえて遺伝子組み換え技術を用いなくても、環境を保全しながら人類を養えることは世界的コンセンサスにもなっている。これらをキーワードに、米国、フランスやイギリス、ロシア、ブラジル等で起きている新たな動きを見てみるとまったく違う世界像が見えてくる。

例えば、フランスでは、二〇一二年一二月にステファヌ・ル・フォル元農業・食料大臣（以下農相）が「私はフランスを欧州におけるアグロエコロジーのリーダーにしたい」と述べ、それ以降着実な改革を進め、二〇一四年一〇月にはアグロエコロジーを強力に進める「未来農業食料森林法」を定める。その後、保守政権への政権交代が起きるが、それでも二〇一八年四月に開催されたFAOの第二回アグロエコロジー国際会議には後任のステファヌ・トラヴェール農業・食料大臣が参加し「二〇二五年までにフランス農業の五〇％以上をアグロエコロジーにする」と宣言した。これは家族農業を重視することとも重なる。

現在FAOで研究を行っており、同会議にも参加した関根佳恵准教授の著作等を著者なりに読み解いて解釈すれば、国際家族農業年で「小規模家族農業」という論理が全面にでてきたことで「家族農業ではなぜ食えないのか」ではなくて「家族農業ではなぜ食えない社会構造になっているのか」へと問いかけの構造が完全に変わってしまったということではないだろうか。

農業経営力は大切だが、個々の経営体にだけ視点を向けると、家族農業で食えないのは経営者のマネジメント力が杜撰だからという自己責任論にゆきつく。ドローン等の先端技術を駆使し情報発信力を身につけ、マーケティングを基軸に斬新な農業を展開してみせるニュータイプの起業家的ファーマーたちがいまもてはやされている。それは一面の真理ではある。けれども、最先端の取り組みとしていま「翻訳輸入」されているハイテク施設農業をとっくの昔に普及させたヨーロッパでは、その限界と弊害も目にしたうえで、さらに一歩先に進んでいる。例えば、施設農業が盛んなオランダのワーゲニンゲン大学のヤン・ダウ・プローグ教授は六次産業化に走らず、銀行からの借金や余計な投資も手控え、時代遅れの技術に甘んじながら地産地消に勤しむことこそが農業経済的に最も力強い最先端の経営体であるとして「再百姓化」というニュートレンドに着目する。

イギリスでもトットネスから発した「トランジション運動」は、地場農産物を購入すると同時に、地域の店舗で購入することが大手スーパーの三倍もの雇用を生むとして、ローカル経済を「見える化」することでこうしたトレンドを重層的な面として描いてみせる。ここでもキーワードとなるのがアグロエコロジーだ。

大きな物語の復活——緑の枢軸、露仏独の三国同盟VS死の化学企業の連合軍

フランスの哲学者、ジャン＝フランソワ・リオタールは一九七九年に「大きな物語は失われた」と述べて見せた。大きな物語とはマルクスによる階級闘争史観という「壮大な神話」だ。予言通り、ソ連が崩壊して東西冷戦が消滅した時、その喪失感は俄然リアル感をもってきて、世界はマネー以外の価値を失って

しまった。今の日本の経済成長戦略がどこか虚しいのは、幸せへの手段でしかないはずの経済成長が自己目的化してしまっていて、経済が成長した結果、どのような社会が実現するのかというビジョンが皆無であるためであろう。それは農業にも言える。京都にある総合地球環境学研究所で、持続可能な食の消費と生産のあり方を研究するスティーブン・マックグリービー准教授は、農業が発展していく方向性としては、高付加価値化、多様化、自律化という三方向があると指摘する。日本では高付加価値や六次産業化という成長路線が重視されているが、起業にもブランド化にも自ずから限度がある。地域の資源を見直して活用するやり方もあれば、すべてを人任せにはせず、自分たちで金を使わずに管理していく方向性もある。ヨーロッパでは、最後にあげた自律化、「Regrounding」が、とりわけ、注目されているという。足下を見つめ直し地に根ざす。禅的に言えば「照顧脚下」だ。

ロンドン大学のティム・ラング教授らは、『フード・ウォーズ―食と健康の危機を乗り越える道』（二〇〇九年　コモンズ）で、二〇世紀の食料生産を特徴づけてきた「生産主義パラダイム」はすでに終わっており、生命科学の手法を駆使したライフサイエンス・パラダイムと環境や生態学を重視したエコロジー・パラダイムとが対立する「フード・ウォーズ（食料戦争）」の時代に突入している状況にあると描いてみせる。マックグリービー准教授は、この著作の見取り図を例に引きながら、ライフサイエンス・パラダイムは食べ物を人間が生きるためのエネルギーと見なす考えであって、遺伝子組み換え食品（ＧＭＯ）や医療ビジネス等と親和性が強く、突き詰めれば、食も栄養剤やビタミン錠剤を補給するだけでいいことにゆきつくと説く。その一方で、アグロエコロジーやパーマカルチャーのように、食べ物は多様な環境の中で育てられ、いくらＤＮＡ分析しても気候や風土を無視してはありえないという考え方があると述べる。[4]

准教授の見解によれば、とっくに終わった「経済成長」をいまだに重視している今の日本の農政はとんでもない勘違いをしていることになる。食材も種子も医療とセットでお金儲けのための知的財産にしていこうとするパラダイムとアグロエコロジーや在来種子保全運動に象徴されるように生命も食べ物も種子も、ある特定の企業の財産ではなく、誰しもが贈与でわかちあっていくべきだとするパラダイム。この二つが対立し、せめぎあっているのが現在だからだ。

第5章で詳述するが、米国に対抗意識を燃やすプーチン率いるロシアは、フランス農相以上に過激で、いち早く遺伝子組み換え食品（GMO）フリーゾーン宣言を行い、二〇二〇年までの有機農業による国家自給と栄養価が高い有機農産物の輸出を外貨獲得の主軸に掲げてみせた。小麦の輸出ではすでに米国を抜いており、国営系のメディアのスプートニクやロシア・トゥデイを通じて、遺伝子組み換え食品の危険性を英語で世界に発信している。

ロシア独自の遺伝子組み換え食品研究からいち早くその危険性を見抜き、反遺伝子組み換え食品ネットワークを立ち上げ、このプーチンの戦略を後押ししたのは、ジャーナリスト、エレナ・シャロイキニ氏だった。彼女は、ドイツやフランスとも同盟を結び、露独仏のアグロエコロジー枢軸同盟を結成することで、ユーラシア大陸から遺伝子組み換え食品をたたき出せ、という壮大なビジョンを描いてみせる[5]。

シャロイキニ氏の世界観からすれば、今、世界はプーチン率いる人類救済のための緑の枢軸とモンサントやバイエル率いる「死の化学産業」の二大勢力が戦っていることになる。海外情勢に詳しい印鑰智哉氏によれば、ラテンアメリカではブラジルを筆頭に食やタネをキーワードに遺伝子組み換え食品に代表される大規模輸出工業型農業への反対が強まり、アグロエコロジーを掲げる農民と食の運動がより多くの賛同を集めつつある。モンサントの占領下におかれた米国においても、子どもたちの五人に一人が糖尿病や肥満等になった反動から年率三〇％の伸び率で有機農業ブームとなり、有機栽培面積が年一〇％以上で伸びている。遺伝子組み換え農産物や除草剤ラウンドアップはボイコットされ、母親たちを中心としたレジスタンス運動がますます高まっている。シャロイキニ氏のたとえでいえば枢軸国側ら解放軍が勝利を収めるのはさほど遠い未来ではないのではないだろうか。

実際、フランスでは、除草剤ラウンドアップがあまりに危険なために三年後には販売が規制され、モンサントが安全だと宣伝するコマーシャルは虚偽であるとして最高裁判所が有罪判決を下している[5]。同じ除草剤の安全基準値がなんの根拠もなく、二〇一七年一二月に、ヒマワリ油では残留基準値がいきなり四〇〇倍に規制緩和された日本は、メディアリテラシーが低い一方、政府に対する国民の信頼はいまだに高く、まだまだ経済的に豊かなゆえに、売り先がなくなりつつある毒物「ラウンドアップ」を在庫処分するための格好の「カモ」にされているようにも思えてくる。

食から始まる幸せの贈与経済

神戸女学院大学の内田樹名誉教授は、『街場の憂国論』（二〇一八年　文春文庫）のあとがきで、日本に活力がないのは夢がないからだと述べたうえで、こう語る。

「国民を統合できる『夢』がもし存在し得るとしたら、それは『これまで誰も思いついたことのないようなまったく新しいもの』であると同時に『あ、それね。その手があったか』と聞いた全員がたちまち笑顔で得心できるような『懐かしいもの』でなければならないということです。新しくて、そして懐かしいもの。そういうものを見つけ出すのはたいてい若い人たちです」

そして、贈与経済へと社会がシフトするのではないかと提言する[6]。

東京大学の見田宗介名誉教授も、『現代社会はどこに向かうか──高原の見晴らしを切り開くこと』（二〇一八年　岩波新書）で、遺伝子組み換え食品と原発がもたらすリスクを社会問題の中心と見なすミュンヘン大学のウルリッヒ・ベック教授の「リスク社会論」が最も説得力のある「現代社会論」になっていると憂える。一方、フランスの若者たちが、身近な人たちとの交歓や自然と身体の交感で幸せを感じていることから、経済成長をしなければ社会が不幸になるとのホモ・エコノミクス的な価値観は誤っていると指摘する。ミシガン大学のロナルド・イングルハート教授の「脱物質主義」の概念を例に引きつつ、日本の若者にもシンプル化、素朴化、シェア化、脱商品化の胎動が見られるとし、食という最も基本的な部分で人間社会を支えている農業を社会的な生きがいとしての仕事に位置づけて評価する。そして、人間の本質は人に歓ばれることにあるとして、ポジティブ、多様化、今を楽しむコンサマトリー（Consummatory）を二一世紀の社会変革のための三要素として提起してみせる[7]。『逝きし世の面影』の著者、渡辺京二氏も『原発とジャングル』（二〇一八年　晶文社）で見田名誉教授と同じく南米の狩猟採集民ピダハンに着目し、技術進歩や競争社会を根源から問い直している[8]。内田名誉教授と同じく長老級の碩学である渡辺氏も若者たちへの遺言であるかのように贈与経済への社会転換を呼びかけているのは興味深い。

長老といえば、進化論の「適者生存」のイメージから「弱肉強食」を提唱したと誤解されがちなチャールズ・ダーウィンは、最も利他的な生物種こそが生存競争では有利で繁栄すると述べていた。「神の見えざる手」のイメージから市場原理の開祖とされるアダム・スミスが最も重視していたのも慈悲心と思いやりだった[9]。類人猿や化石人類の研究から人類は助け合いによって進化し、狩猟採集民も利他的であることがサバイバルの要諦であることが明らかになってきている[10]。そして、二一世紀に入ってからゲノム解析技術が進歩したことで腸内細菌の実態が明らかとなり、同時に血液や脳波を詳細に調べることで脳のリアルな働きがわかってきた。まっとうな食べ物を食べることで腸内細菌が活性化すれば、脳も幸せに感じるということが解明されつつある。農業を始めるはるか以前から、ホモ・サピエンスは、ミネラル分やビタミン等栄養価が高い食べ物を食べてきたのだが、腸内細菌の最新知見を活かして日々の食を見直せば誰もが心身ともに健康になれ、幸せを感じられるまっとうな社会が築ける可能性が見えてきたのだ。

　シャロイキニ氏が言うように「緑の枢軸による人類救済のための革命戦に参加せよ」とアジテートされると思わず引きたくなってしまう。筆者自身もそうだ。けれども、ライトノベルズと決定的に違うのは、あなたが救世主になるためには、ある特殊な超能力とか常人にはない異能とか特技は一切いらないことだ。少しだけ高い有機農産物を買ってみる。値段が同じであれば大手スーパーではなく、ご近所の顔なじみのお店でマネーを使う。さらには、マネーを使わず、友人・知人と物々交換する。あるいは、こうした情報をＬＩＮＥやツイッター、フェイスブックで拡散してみる。その口コミだけで大変なレジスタンス行動になる。これだけで、「人類を滅亡させようと画策する多国籍化学企業の悪魔たち」と戦う救世主の一員になれるとすれば愉快ではないか。もちろん、どのようなレジスタンス・アクションをされるのかはあなた次第だし、ポジティブなものであれば抵抗は多様なほどよい。けれども、それにはすでに一歩先を行っている他国の救世主たちの活動を参考にしてみるのが一番だ。「あ、それね。その手があったか」とインスパイアされることがあれば、明日からすぐにその改良版を試みられるからだ。ということで、次章ではまずは遺伝子組み換え農産物やラウンドアップの危険性に一番さらされている米国の母親たちがどのようなレジスタンス運動を展開してきたのかを見てみよう。

［補注1　世界の潮流に逆行する日本について］

ラウンドアップが原因で悪性リンパ腫を発症したと訴えていた、米国の末期がん患者の主張を認め、二〇一八年八月一〇日、カリフォルニア州サンフランシスコの裁判所は、モンサントに二億八九〇〇万ドル（約三二〇億円）の支払いを命じた。米国では同様の訴訟が五〇〇〇件以上起こされている[11,12,13]。イギリスの流通大手は、今回の判決を受けてグリホサートの販売禁止の検討を始めた[12]。

グリホサートの食品への残留基準値の緩和について、厚生労働省食品基準審査課は「名前は言えませんが、ある農薬メーカーから基準値を上げてほしいとの申請があったのがきっかけです」と答えている。印鑰智哉氏は、小麦で六倍、ライ麦やソバで一五〇倍、ヒマワリの種子で四〇〇倍もグリホサートの残留農薬基準値が緩和されていることが日本のメディアでまったく報じられていないことを問題視する[12]。なお、山田正彦元農相によれば基準値緩和について農水省の担当者も知らなかったという[14]。

また、二〇一八年九月二八日には国連人権理事会において「小農と農村で働く人びとの権利に関する国連宣言」が賛成多数で採択されるが（日本は棄権）、二〇一八年四月一〇～一三日にかけて開かれた宣言案の第四回検討会議では日本政府は「種子の権利が人権として認められないため、この権利を条文からなくせと主張している。

舩田クラーセンさやか氏（明治学院大学国際平和研究所）は、これに対して、日本の農民のためにもならず、世界の農民のためにもならず、彼らの農業を守ろうとするどころか、多国籍企業、遺伝子組み換え企業の片棒を政府の立場として担いでいると述べている[13]。

［補注2　種子法廃止についての多面的見方］

山田正彦元農相は、ヨーロッパでは遺伝子組み換えとされているゲノム編集が、日本では八月七日に環境省が「遺伝子組み換え食品でない」との見解を発表したことをふまえ、飼料米から遺伝子組み換えの国内での作付けが始まるのではないかと危惧している[14,16]。

一方、二〇一八年六月二三日に「たねと食とひと@フォーラム」が主催して行ったシンポジウム「種子法廃止後のたねのゆくえ」で京都大学大学院久野秀二教授は、多国籍企業が得意とするのは大量生産型モデルであり、遺伝子組み換えコメが日本で広まる可能性は低いと指摘する。農業を成長産業にするための官民の総力を挙げた体制構築と矛盾するために種子法廃止は廃止されたとの見解に立つ。

また、国際自由貿易や知的財産の観点から同日に行われたアジア太平洋資料センター（ＰＡＲＣ／パルク）の学習会で内田聖子氏は、東アジア地域包括的経済連携（ＲＣＥＰ／アールセップ）の枠組みのなかで、住友化学等の国内企業がアジア等の開発途上国に対して「自由化」を押し付けて行く中で、自国だけタネを守ることは整合性がとれないことから、廃止されたのではないかと見る。同学習会で講師を務めた印鑰智哉氏も植物の新品種の保護に関する国際条約（ＵＰＯＶ／ユポフ条約）から種子法が廃止されたと見る。エップ・レイモンド氏も種子法廃止が決まったのがアールセップ交渉の時期と重なることから、日本の種苗会社がユポフ条約に基づいて種子の知財化を図ることと国内種子を公的機関が守ることとの矛盾の批判を避けるためになされたとの同様の見解に立つ[17]。このように、種子法廃止と遺伝子組み換え農産物との関係については様々な見解があるのだが、それをさておいても、タネを「オープンソース」と位置づける種子法は本章で指摘した「ライフサイエンス・パラダイム」の枠組みとは矛盾する。このために廃止されたと言うことはできよう。

ミネラルやビタミンが豊富に含まれていた狩猟採集民たちの食事

「福岡正信さんと自然農法を愛する会」の二次会は、自然農法愛好者たちの集まりだけに、都内のとある「生野菜ジュース専門店」だった。ケールやセロリ等、四〇種を超える生野菜ジュースのそれぞれに栄養価や効能が記載され、その日の体調に合わせた一杯を選べる。一杯八〇〇円と決して安くないが、それでも、人気が高いという。新年早々にこの体験をしていたために「NAGANO農と食の会」のメンバーの有機農家、工藤陽輔氏の訪米体験談がピンときた。

同会は長野県有機農業研究会との共催で山田正彦元農相と印鑰智哉氏を招聘し三月に学習会「ママこれ食べても大丈夫?」を開催したが、そこで工藤氏は、オーガニック食品の品ぞろえで名高い食品スーパーチェーンのニューヨーク店でも食品や化粧品が遺伝子組み換え食品か非遺伝子組み換え食品かがきちんと消費者に見分けがつくように区分されて販売されていることや、市内のレストランではサラダバーが大人気で、ごく普通のサラリーマンやOLがサラダだけを山盛り食べていくといった最新米国事情を報告してくれた。オルタナティブに関心が高い西海岸ならばまだしも、米国のトレンド・リーダーであるニューヨーク市でも遺伝子組み換え食品への関心が高く、フライドチキンやバーガー中心の食生活を脱しつつあることは意外に思えた。

工藤氏は有機農業を実践される傍ら、微生物で生ゴミを分解して農地へと還元するまちづくり運動も進めているが、有機物を多く入れた農地ほど微生物が多く、野菜にもミネラルやビタミンが豊富に含まれていることが判明したという。


健康になるためにはカロリー以上にきちんとした栄養分を取ることが欠かせない[1]。米国の歯科医、ウェストン・A・プライスは、健康な人は歯も健康なことに気づいたが[2]、同時に「なぜ現代人はこれほど不健康なのだろうか」と疑問をいだき、世界各地の伝統食を調べてみた。成果は著作『食生活と身体の退化』(二〇一〇年　恒志会)としてまとめられているが、一九三〇年代でさえ、多くの狩猟採集民たちは西洋人よりもビタミンでは一〇倍、ミネラルでは二〇倍以上も摂取していた[1]。

「医師が語る〇〇食」をはじめ、糖質制限からマクロビオティック、和食からパレオダイエットと健康本コーナーには頭が混乱するほどの情報があふれ、中には相矛盾するものすらある。とはいえ、最も信頼性が高いのは、動物実験ではなく人間そのものに対する実験だし、最も長期的なエビデンス情報が取得できるのは人類学だ。その意味で、狩猟採集民たちの食生活に学ぶ「パレオダイエット」は興味深い。

ベジタリアンやビーガンの食事では、全粒穀物やマメ科作物が中心となるが、パレオダイエットの推奨者、コロラド大学のローレン・コーディン教授は、米国民では多量ミネラル(カルシウム、マグネシウム、リン)も微量ミネラル(鉄、亜鉛)も欠乏しているとし、穀物食だけの食生活の危険性を指摘する。理由は二つある。穀物にはほとんどミネラルが含まれていないこと。玄米、トウモロコシ、豆類、全粒小麦にはフィチン酸が多く含まれていることだ。フィチン酸は、植物が動物から身を守るために進化させてきた

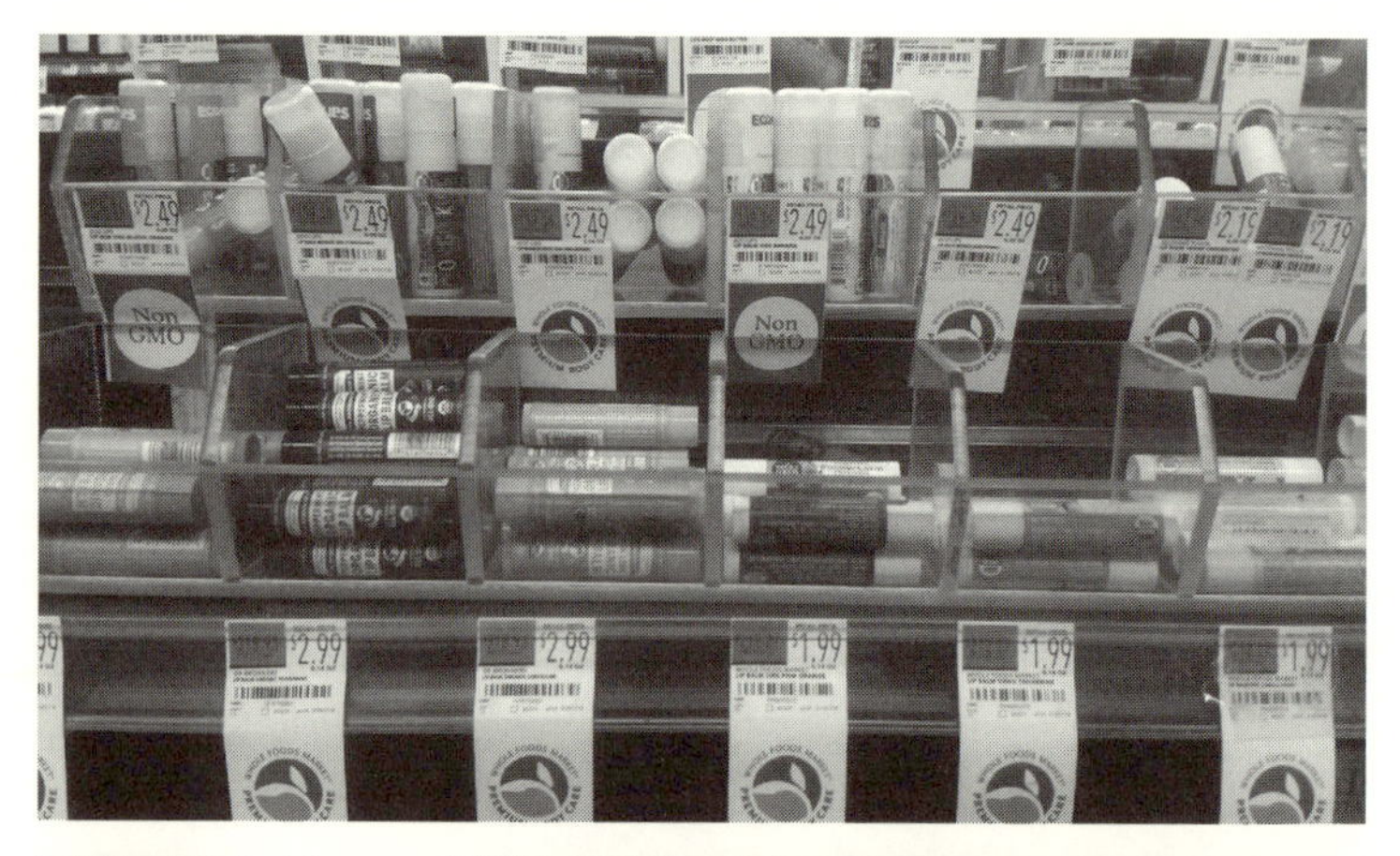

最近の米国の食事情
ニューヨークのブルックリン郊外の大手スーパー、ホールフーズマーケット。売られているドリンク（次ページ上）や化粧品もGMO（遺伝子組み換え）と非GMOとが明確に区別されている。食肉でも牧草で育てられたのか（100% Grass fed）、濃厚飼料（と抗生物質）で育てられたのかの区別が明確に消費者に分かるようになっている。
このスーパーは2017年、ネット小売り大手のアマゾンによる大型買収で話題になった。（2018年2月、工藤陽輔氏提供）

2018年3月、長野県有機農業研究会とNAGANO農と食の会の共催で「種子法廃止で暮らしはどうなる？長野の種子（いのち）を守ろう『ママ、これ食べても大丈夫⁉』」が長野市松代文化ホールで開催された。300人のホールが満席で立ち見がでるほど大勢の人が集まった。演題に立つのは挨拶をするNAGANO農と食の会の久保田清隆共同代表。（NAGANO農と食の会、吉田百助氏提供）

ラウンドアップの発がん性が認められた裁判後、ゼン・ハニーカット氏に最新の米国の食事情を聴くために訪米した山田正彦元農相。キャンペーン車の前で。（2018年9月、山田正彦氏提供）

化学物質で、キレート作用によって鉄、亜鉛、銅、マグネシウム、カルシウム等といったミネラルやビタミン類の吸収を阻害する。キレートとは、カニのハサミを意味するギリシャ語だが、まさにハサミのように栄養素と強力に結びついて離さない。食べた栄養素をどれだけ吸収できるのかを「生体利用効率」と呼ぶが、フィチン酸を摂取すればするほど、栄養吸収阻害が起こる。ミネラルを豊富に含む食べ物を食べたとしても、吸収できなければ意味がない。そして、残念ながら人間にはフィチン酸を分解する酵素がない。穀物中心食が登場するのは農業誕生以降だが、狩猟採集民と比べて二重の意味でミネラル不足を招いていたのはそのためだ[3]。

とはいえ、伝統的な農業も捨てたものではない。例えば、トウモロコシは南北アメリカの象徴的な食べ物だし、その栄養価は栄養学者も評価し、歴史的にも実証されてきた。それだけでは九種類ある必須アミノ酸やビタミンのすべてをまかなえないが、マメと一緒に食べれば必要な栄養分はこと足りる。事実、多くのネイティブ・アメリカンたちの食文化はそうなっていた[4]。

遺伝子組み換えトウモロコシはミネラルをろくに含まないカス食品

けれども、健康的なトウモロコシのイメージは、ゼン・ハニーカット氏を中心に米国の母親たちが立ち上げた反遺伝子組み換え食品ネットワーク「マムズ・アクロス・アメリカ」の調査によってガラリと変わる[4]。「遺伝子組み換えトウモロコシ（以下、GMコーン）と非遺伝子組み換えトウモロコシ（以下、非GMコーン）とには違いがないとの主張はでまかせです」とハニーカット氏は主張する[4,5]。

トウモロコシ中の成分の相違

(単位：ppm)

成分	非 GM コーン	GM コーン
カルシウム	6130	14
マグネシウム	113	2
カリウム	113	7
イオウ	42	3
銅	16	2.6
亜鉛	14.3	2.3
マンガン	14	2
鉄	14	2
モリブデン	1.5	0.2
ホウ素	1.5	0.2
セレン	0.6	0.3
コバルト	1.5	0.2

表をご覧いただきたい。非GMコーンのカルシウムは六一三〇ppmだが、GMコーンは一四ppmで四三七分の一。マグネシウムは一一三ppmに対して二ppmと五六分の一しかない[6,7,8]。サンプルは、ただフェンスだけで仕切られ、土壌条件が同じ隣接した畑から採取されたのだが、表を見れば、GMコーンは驚くほどミネラルが乏しいことがわかる[4,8,9]。

ハニーカット氏はごく普通の主婦だった。けれども、三人の息子全員がアレルギーで苦しみ、もう少しで死ぬところだった。原因はわからないが遺伝子組み換え食品が怪しい。そこで、食事を完全有機に変えたところ、たちどころに病気が治癒する。そこでこのメッセージを全米中に届けるために、二〇一三年二月にマムズ・アクロス・アメリカを立ち上げる[10]。

栄養面から遺伝子組み換え食品を批判したハニーカット氏たちのリポートはネット発信されるとかなりの反響を呼ぶ[9]。米国内の反遺伝子組み換え食品団体はもちろん、意外なことに二〇〇五年末に開局されたロシアの政府系メディア、ロシア・トゥデイもイの一番に報じた。米国でも英国のＢＢＣに次いで二番目に多くの視聴者を持つ海外ニュースメディアだ。ＧＭウォッチやパーマカルチャー研究所等は「この情報が確証されれば、遺伝子組み換え食品と非遺伝子組み換え食品とが実質的に同等だと主張してきた企業側のデータがペテンであったと結論づけられる[5,7]。それは、遺伝子組み換え農産物を承認してきた側にとっても命とりであろう[7]。犯人は法に照らし処罰される必要がある」と述べている[8]。

ミネラルを固定し土壌微生物を殺す除草剤グリホサート

米国の母親たちは素人だが、その情報発信が、ガセネタではなく信憑性が高いと思えるのは、ＤＶＤ『遺伝子組み換えルーレット』にも登場する医学博士で、米国病原菌学会の学会長として[14]、過去数十年にわたって遺伝子組み換え食品の危険性を研究してきたパデュー大学のドン・ヒューバー名誉教授が[13]、遺伝子組み換えコーンとともに散布される除草剤、グリホサートについてこう警告しているからだ[8]。

「グリホサートは、マンガン、コバルト、鉄、亜鉛、銅といったプラス荷電したミネラルを固定する強力な有機リン酸塩キレート化剤です。こうした元素は、土壌、動植物がノーマルな生理的機能を果たすうえで不可欠なのです」[5]

「キレート」という言葉が再登場した。ここでまず確認しておきたいのは、いま除草剤として多用されているグリホサートはもともと除草剤ではなかったことだ。サンフランシスコにあるスタウファー・ケミカル社のジム・チャンが発明したのだが、その一九六四年の特許は、ボイラー洗浄用のキレート剤として取得されている[12,13,14,15]。キレート剤はプラス荷電したあらゆるイオンと結合してそれを働かなくする[14,15]。このため、二五もの様々な酵素が影響を受ける[12]。そのひとつが、人間を含めて動物にはない「シキミ酸経路」だ。この経路内にある酵素のひとつ、EPSPS酵素（5－エノールピルビルシキミ酸－3－リン酸合成酵素）がアミノ酸を合成することで植物は成長していくが、この酵素が働くには、マンガン、銅、鉄、亜鉛が欠かせない。これらが固定されて使えなくなれば、ゆっくりと黄ばんで枯れてゆく。これが、除草剤としてグリホサートが機能する仕組みだ[15,17]。このキレート化作用は想像以上に強力だ。ヒューバー名誉教授は、サトウキビでの研究を事例に、マンガンでは、グリホサートを投入後、わずか四～六時間で植物組織内で利用できる濃度が九〇％も落ち込んだと語る[18]。この特性に着目し、除草剤としての特許を一九七四年に取得したのが化学企業モンサントだった[13,14,15]。

除草剤効果で枯れるのは植物だけでない。その影響は植物と同じ代謝経路を持つ土壌細菌にも及ぶ[16]。グリホサートは強力な「抗生物質」でもある。この抗生物質としての特許を二〇〇〇年に取得したのもモンサントだった[13,14,15]。植物がその根から養分を利用できるようにしている意味では土壌細菌は土壌中に含有されている養分以上に重要といえる[14]。そして、前述したマンガンであれば、グリホサートは植物体内で拘束すると同時に、植物がマンガンを利用できるように助けている土壌微生物も殺す。二重の意味でマンガンを使えなくしてしまう[18]。

一〇年もグリホサートを散布した不耕起圃場で育てた遺伝子組み換えコーンと、少なくとも五年間は散布しない圃場で育てた非遺伝子組み換えコーン[8]。ハニーカット氏たちの調査で、グリホサートを散布された遺伝子組み換え作物のミネラル分が異常に乏しく微量元素が八〇〜九〇％も減っていたのはそのためだったのである[12,13]。

植物が病み害虫がたかるようにするグリホサート

土壌であれ、動植物であれ、人間であれ、煎じ詰めれば健康とは以下の二点へとゆきつく。

1. 適切なミネラル栄養分があるか
2. 植物の場合は土壌微生物、動物の場合は体内微生物の活動が活発か[13]

「ミネラル分が含まれていたとしても、キレート化されていれば生理的に利用できませんから、まさに砂利を食べることになります」とヒューバー名誉教授は言う[13]。カスでしかない食材を食べ続けていれば、当然のことながら健康に影響が生じる。ミネラル不足は不健康に直結する[14,17]。骨粗鬆症に悩む人は、カルシウムやマグネシウムが不足しているし、がんにかかっている人たちはマンガンが乏しい[8]。

人間だけではない。マンガンは植物の耐病性にとっても大切なミネラルで、イネのイモチ病、立枯れ病、根腐れ病、トウモロコシ茎腐病とすべてがマンガン欠乏と関連している[18]。

植物にも健康を維持するための生理的回路がいくつかあるが、その中心となるのが前述したシキミ酸経路だ。この経路が機能しなくなるとエイズにかかるようなもので免疫機能が働かなくなり[18]、病気にかかりやすくなる。事実、グリホサートを用いてから四〇もの様々な植物病が増えている[12,18]。

マンガン不足はさらに別の問題も呼ぶ。マンガンが拘束されるとグルコースをスクロースに変える酵素、スクロース・シンターゼが機能しなくなり、還元糖類、グルコースやフルクトースが増える。ごちそうが並ぶディナーに招かれたようなもので、昆虫はスクロースよりも還元糖に引き寄せられるから、結果として害虫被害も増す。まさに、マッチポンプ。グリホサートを散布することで健康な植物も病気になり害虫も増え農薬を使わざるを得ない仕組みになっている。なんというモンサントの知恵であろう。驚くべきマーケティング戦略ではあるまいか[18]。

そのうえ、グリホサートを散布していると土壌中での悪玉細菌による毒物の生産量も自然に増えていく[14]。これにもわけがある。モンサントは、グリホサートが土壌中で分解されると主張しているが、実際には蓄積していく[15]。グリホサートを分解するには、炭素とリンの結合を断つカーボン・リン酸塩リアーゼ酵素が必要なのだが、土壌中には稀にしか存在しないからだ[14,15]。グリホサートの自然の半減期は最高二二年もかかるが、それでも、減少するのはグリホサートを栄養源とするフザリウムが分解できるからだ。そして、自然界で主に毒物を作り出しているのは、厄介なことにフザリウム属やアスペルギルス属の真菌なのだ。つまり、グリホサートによって好むと好まざるとにかかわらず毒物を作り出す真菌だけが繁栄する環境が整えられてしまう[14]。

抗生物質として腸内細菌を殺し自閉症の一因に

さらにグリホサートが問題なのは、抗生物質として殺菌作用があるため、摂取すると腸内細菌のバランスが崩れてしまうことだ[14]。グリホサートそのものも毒物で、通常の農業散布で使われるよりも四五〇倍も低濃度に希釈してさえ、ヒトのＤＮＡに有害なことが明らかになっている[16]。一ｐｐｍと微量濃度でも有毒とされ、米国環境保護庁の規制基準は〇・七ppmとされているのだが、それは人間だけを見た場合での問題だ。[5,6]前述したとおり、動物にはシキミ酸経路がないが、土壌細菌も動物やヒトの健康を司る腸内細菌もこの経路に依存する。[18]ラクトバチルス菌（乳酸菌）、ビフィズス菌、エンテロコッカス・フェカーリス菌といった善玉菌はグリホサートに非常に敏感で、ライプツィヒ大学のモニカ・クルーガー教授の研究によれば、〇・一ppmでも善玉菌を殺すのには十分だという。[13,14]悪玉菌の繁殖を抑制していた善玉菌がいなくなればどうなるか。ボツリヌス菌のような悪玉菌が腸内で増殖して致死量の毒素を作り出す。[12,17,18]遺伝子組み換え飼料が使われる以前には非常に稀だったボツリヌス菌中毒が乳牛の一般死因になっているのはそのためだ。[12,18]

この影響は、カエルやコウモリはもちろん、ヒューバー名誉教授は、蜂群崩壊症候群によるミツバチの大量死とも関係していると考える。[13,18]十分な食料があるのに、死んだミツバチはそれが消化できておらず、ミネラル、とりわけ、微量元素が不足していること。そして、消化器官には乳酸菌やビフィズス菌が欠落しているからだ。[13]いま、地球上では風媒花である裸子植物よりも被子植物が繁栄しているが、それは一億年前の白亜紀中期に昆虫に蜜を与えるかわりに花粉を付着させる受粉システムが誕生したからだ。昆虫と被子植物の繁栄は一致するのだが、[19]この共生関係には腸内細菌も一役買っている。もともと肉食だったスズメバチがベジタリアンのミツバチへと進化できたのは、花粉をエネルギーへと分解することができる新種の細菌を腸に取り込んだからだ。[20]消化器官内の細菌が死滅すればミツバチは餌を消化できない。[18]そして、米国ではごく普通の飲料水中のグリホサート濃度にさらしただけでミツバチの死亡率は三〇％に及ぶという。[13]

第7章で詳述するが、腸内細菌との共生関係は、約五億年前に最初の原始的な多細胞生物が登場した頃にまでたどれ、アリ、シロアリ、ハチといった昆虫から、ウシやゾウのような哺乳類に至るまであらゆる多細胞生物にみられる[21]。人間を含めた類人猿も腸の下方に腸内細菌を共生させる「後腸発酵」と呼ばれる消化システムを持つ[19]。だから、人間でも腸内細菌叢を最適に維持することが心身ともに健康に生きるうえで欠かせない[12]。

それでは、肝心の人間に対するグリホサートの影響はどうなのか。グリホサートを摂取すると善玉菌が死ぬ代わりにグリホサートではダメージを受けない種類の代謝系を持つクロストリジウム種、大腸菌、サルモネラ菌、ボツリヌス菌、ウェルシュ菌が繁殖する[14]。その結果、グルテン過敏症、偽膜性大腸炎、過敏性腸症候群、潰瘍性大腸炎、クローン病、セリアック病、リーキー・ガットといった腸の問題が生じる[14,18]。

食べ物に含まれているミネラル分を利用できるようにし、生きるために必要なビタミン類の多くを生み出しているのも善玉菌だから、ミネラルやビタミンも不足していく。メラトニンやセロトニン等の神経伝達物質は、トリプトファン、チロシン、フェニルアラニン等を原材料にして作られているが、この原料も善玉菌が生み出していて人間は自分では作り出せない[14]。自閉症の一因と考えられているのもこのためだ[14,18]。

免疫機能も破壊される。免疫系も主に腸にあって[18]、システィン、グリシン、グルタミン酸の三つからなるグルタチオンが免疫系を形成しているが、グリホサートはこの免疫機能のベースも破壊する。そして、グリホサートは抗生物質だから、大量に摂取し続けていると、テトラサイクリンやペニシリンといった抗生物質も効かなくなっていく[14]。

嫌な話はさらに続く。内分泌ホルモン撹乱化学物質として有名なのはネオニコチノイド農薬だ。ミツバチの方向感覚を失わせ巣に戻れなくする[13,18]。けれども、グリホサートも内分泌系、甲状腺機能、下垂体機能に影響を及ぼす強力な内分泌ホルモン撹乱化学物質なのだ[12,13]。グリホサートはアミノ酸のグリシンと構造が類似するため、微生物であれ動植物であれ、正常なアミノ酸と入れ換わって、異常アミノ酸で生理的機能を攪乱させる。わずか一ｐｐｂという極低濃度でも内分泌ホルモン系に影響を及ぼす理由の一部は、前述したキレート化とこの異質グリシンの影響のためとされる[14,18]。

ナンシー・スワンソン博士は内分泌攪乱が、神経障害、学習障害、注意欠陥・多動性障害、自閉症、認知症、アルツハイマー病、統合失調症、双極性障害にもつながり、成長ホルモンの分泌が大きい胎児、幼児、子どもたちがとりわけ影響されやすいと警告する[16]。博士の分析によれば、自閉症を含め、二二もの病気とグリホサートの使用量とのデータはすべて相関する。相関関係だけからは、因果関係は言えないが、二二もの合致は偶然の一致とは言いにくい[14,16]。

三〇年以上も蓄積されてきた科学的なエビデンスから、グリホサートは規制基準よりもかなり低濃度であっても、流産、先天性欠損症、多くの消化器疾患、肝機能障害、腎不全、様々ながんを引き起こすことが明らかになっている[8,18]。これほど有害な物質だけにヒューバー名誉教授は、グリホサートとＤＤＴのどちらかを選べと言われれば「ＤＤＴを選びたい」とまで語っている[16]。ＷＨＯも「発がん物質」としているのだが、モンサント自身の研究でも、ラウンドアップ（グリホサート）と関連して七種類のがんが生じるとしている。しかも、モンサントは一九八一年からそれが発がん物質であることを承知のうえで広めてきたという[18]。なんのことはない過失ではなく確信犯だったのである。

遺伝子組み換えトウモロコシからの物体Ｘ

ハニーカット氏たちが分析した遺伝子組み換えコーンからは、非遺伝子組み換えコーンからは検出されなかったグリホサートが一三ｐｐｍもの濃度で検出された。一ｐｐｂですら問題があることが判明しているのだから、その一・三万倍だ。[5,6] なぜこれほど多くのグリホサートが遺伝子組み換えコーンから検出されたのだろうか。ここで遺伝子組み換えが意味を持つ。グリホサートは除草剤としてあらゆる植物を枯らす。そこで、モンサントはグリホサートに対する耐性を持つ細菌、グリホサートでもキレート化されないミネラルだけしか必要としないか、グリホサートへの感受性が低い細菌の遺伝子を作物に組み込む。[14] こうして一九九六年に市場に登場したのだが、EPSPS酵素と同機能を持ちながら、グリホサートに影響されない酵素が作り出されるから枯れない「ラウンドアップ・レディ作物」だ。[13,17]

米国ではトウモロコシの八八％、[5] シュガービーツ（甜菜）の九五％、ダイズの九三％、菜種油の九三％、綿実油の九三％が遺伝子組み換えとなっているが、[12] その約八五％は、このグリホサート耐性だ。[13] 通常ならば枯れてしまうほどの量を散布できるし、[12,13,14] 除草剤耐性ダイズでは三回もグリホサートが散布されている。雑草だけを枯らせるから、農作業が楽になったことは間違いない。土壌流亡を防ぐ不耕起栽培農法もグリホサートに完全に依存しているから、それなしでは難しい。[15] けれども、重要なことは耐病性や栄養価を高めるために遺伝子組み換えがなされているのではないことだ。まず、除草剤ありきで、それを売るために後から遺伝子組み換え作物は登場してきた。話が逆なのだ。

それだけではない。小麦のような非遺伝子組み換え作物でも、収穫が便利なために、成熟直前にグリホサートが散布されている。[13] こうした小麦を食べれば、かなり大量のグリホサートを摂取してしまうことになる。グリホサートは水溶性の化合物なので、散布されたときに蓄積する場所は、成長点、根端や生殖組織、すなわち、収穫される実の部分だからだ。[13] 最高四〇〇ｐｐｍもの濃度が見出されている食べ物もあり、ヨーロッパの女性と比較すると米国人やカナダ人の母乳中のグリホサート濃度は数百倍も高い。[18]

嫌な話はさらに続く。ハニーカット氏たちが分析したGMコーンからは二〇〇ppmものホルムアルデヒドも検出された。[8,9] ホルムアルデヒドは突然変異やがんを引き起こす毒物なうえに神経毒性も持つ。一〇〇ppm以下の濃度でもアミロイド様の異常タンパク質折り畳みを誘発し、ニューロンを死滅させアルツハイマー病を引き起こす[8]。

ヒューバー名誉教授は、このホルムアルデヒドもグリホサートが分解することで生じたのではないかと考える。[8,9] ふつうはメタン代謝酵素のひとつ、ホルムアルデヒド・デヒドロゲナーゼによって、ギ酸に分解されるためにたとえ生じたとしても存在しない。けれども、この酵素が作用するには亜鉛が必要だ[8]。キレート化作用で亜鉛が固定されてしまえば通常の植物であればきちんと働くこの生理機能が働かない[8,9]。そしてホルムアルデヒドが存在するときにプリオンが異常繁殖することは実験からもわかっている。そして、このプリオンらしき「物体X（注1）」が、米国で深刻化しているある問題と関連しているのではないかとヒューバー名誉教授は懸念する[15]。

その深刻な問題のひとつは家畜の老化の急速な進行だ。極上の二齢肉牛の老化が進み、老いさらばえた一二歳の乳牛以下の値段しかつかない。そのうえ、不妊症も畜産農家の悩みのタネとなっている。牛ではこの五年で不妊率が三〇〜四〇％も高まり、流産は四〇〜五〇％にも及ぶ[14,18]。

「乳牛で普通にされる人工授精の回数は一・二〜一・五回だが、妊娠率の低下のため四〜八回と倍の精液が必要だし、それでも授精できないため雄牛の四〇％を間引かなければならない」

ある酪農家はヒューバー名誉教授にこうもらす[12]。

不妊症や流産は、ウマ、ブタ、ヤギ、ヒツジ、家禽類でも増えていて[7,9]、かつ、この奇妙な現象は、ラウンドアップ・レディが導入された約二年後の一九九八年から生じ始めた。最初に異常事態に気づいたのは獣医だった[12]。

そこで、ヒューバー名誉教授は研究に着手する。栄養が原因だろうか。カビが作り出す毒物マイコトキシンだろうか。様々な理由をチェックしても原因は皆目わからない。そうした中、死んだ胎子の胎盤や羊水を電子顕微鏡で観察してみると、約二〇ナノメートルとウイルスよりも微細なタンパク質様の未知の「物体X」が見つかる[18]。「物体X」は家畜飼料に由来するのではないか。そう疑った獣医たちがチェックしたところ、まさにビンゴだった。高濃度の「物体X」がまず発見されたのはグリホサート耐性ダイズだった[12,18]。

ヒューバー名誉教授は、中西部で蔓延していたトウモロコシ葉枯細菌病菌の研究もしていたことから、この組織を電子顕微鏡でチェックしてみるとやはり「物体X」が見つかった[12,18]。ダイズでも「突然腐敗症候群」と呼ばれる病気が生じていたが、これも「物体X」が関係していた[12]。

「物体X」は、それを高濃度に含む遺伝子組み換え飼料を給餌された厩肥や鶏糞中でも高濃度となる。これらを牧草地に施肥し、そこに牛や馬が放牧されると、そこでも不妊率や流産が増す[12,18]。そして、発見されるのは、グリホサートが散布された遺伝子組み換え作物だけなのだ[18]。だとすれば、遺伝子組み換え飼料、トウモロコシ葉枯細菌病、ダイズ突然腐敗症候群、家畜の不妊症や流産と「物体X」とは同じラインでつながっている疑いが濃厚ではないか[12,18]。

遺伝子組み換えの安全性を確証する査読論文はない

遺伝子組み換え食品が安全かどうかはさておき、遺伝子組み換え技術そのものは先進的な技術だとのイメージを多くの人は抱いているのではないだろうか[13]。けれども、ヒューバー名誉教授はそれは五〇年前の遅れた化石的な科学だと切って捨てる。遺伝子とそれによって発現する機能とが一対一で対応していると想定しているからだ[13、14、18]。ヒトゲノム配列の研究から明らかになってきた事実は違う[13]。相互に関係する農業生態系と同じく遺伝子も他の遺伝子と相互作用しながら全体として機能している。たとえ、必要とされるタンパク質を作り出すようにある遺伝子を組み換えたとしてもそれが、どのような副作用をもたらすのかはわからない[12]。人工的に強引に挿入された遺伝物質は本質的に不安定だし[18]、遺伝子組み換えプロセスで生じる現象についての知識も限られ、ようやく理解され始めている段階にすぎない。組み込む技術は開発されていても、組み入れた遺伝子を取り出す方法はまだ知られていないことも技術の未熟さを象徴している[13]。

ヒューバー名誉教授によれば、遺伝子組み換えは免疫力の低下とも関連性がある[18]。二〇一六年には米国中西部で鳥インフルエンザが流行し四六〇〇万羽以上の七面鳥や鶏が死んだが、ラウンドアップを含まない有機穀物を餌にしていた鳥は一羽も死ななかった[14、18]。インフルエンザの有毒遺伝子は普段は何もしない弱性ウイルスだが、遺伝子組み換え作物にウイルス・プロモーター遺伝子が含まれていて、これがウイルスを活発にすることが鳥インフルエンザ流行の原因だからだ[14]。

さらに、遺伝子組み換え作物は環境に解き放たれてしまえば取り返しがつかない。ラウンドアップ・レディ・アルファルファのように、花粉を介してミツバチや風によって広まっていくケースもあれば、作物が土壌中で分解される際に、組み込まれた遺伝子が土壌微生物に転送されることもわかっている[13]。例えば、毒素を作り出す遺伝子組み換え作物を育てた圃場で、一〇年後に同じ科の別の非遺伝子組み換え作物を栽培すると、土壌細菌を介してこうした遺伝子が再導入され、毒素を生み出す作物になってしまうリスクもある[14]。こうした食材が腸内で消化される際に、腸内細菌がこうした遺伝子を取り込むこともある[13、14]。

小麦に含まれる炭水化物の量を変えるため、小麦のある遺伝子を「沈黙」させた遺伝子組み換え小麦がある。二〇一二年にニュージーランドのカンタベリー大学のジャック・ハイネマン教授は、この遺伝子組み換え小麦によって作り出された分子が、ヒトの遺伝子にもマッチして、潜在的に「沈黙」させることができることを実験で示した。実験的に「沈黙」を引き起こすには、ごく一部の遺伝子がマッチするだけで十分なのだが、小麦とヒトゲノムとの間では必要な六〇倍以上もの遺伝子が潜在的にマッチする。そこで、教授は、こうした小麦を食べれば、体内でのブドウ糖や炭水化物が深刻に変化し、子どもには致命的だし、成人でも重病にかかりうると警告する。オーストラリアのアデレード大学のジュディ・カーマン教授は「小麦の遺伝子を沈黙させるのと同じように、ヒトの遺伝子が沈黙すれば、よく機能しない酵素をもって生まれた子どもたちは五歳までに死んでしまうでしょう。これが懸念でなければ、いったい何が懸念なのでしょうか」と述べている[13]。

前述したトウモロコシ葉枯細菌病菌病も以前は稀な病気だった。けれども、グリホサートを散布するとトウモロコシ本来の耐病性が失われるため、いま米国、メキシコ、カナダを含め、全世界で蔓延している[12,14]。二〇一二年には米国では約二五〇万トンもの被害を出した。そして、アルファルファにもトウモロコシ葉枯細菌病菌の姉妹菌がいる[14]。アルファルファは米国で最も重要な飼料作物だけに病気が発生すれば畜産業は大打撃を受ける[12,13,14]。ヒューバー名誉教授は、遺伝子組み換えアルファルファの栽培開始を懸念してトム・ビルサック農務長官に対して私信の手紙を書いた[13,14,18]。名誉教授は科学の進歩をすべて否定したわけではない。ただリスクがある以上、適切な研究が完了するまで、規制緩和を延期すべきだと警告しただけだった。けれども、名誉教授の意見具申は無視され、遺伝子組み換えアルファルファは二〇一一年初めに規制緩和されてしまう[12,14,18]。

遺伝子組み換えは、育種というよりウイルス感染と類似している[13]。遺伝子組み換え作物では新たなタンパク質が作り出されるが、これが、アレルギー、肝臓障害や腎不全、がんを引き起こすこともわかってきている。さらに、腸内細菌叢を変え、こうした新たな遺伝子がヒトに移転して、ヒトゲノムに影響を及ぼす可能性も研究から示されている。こうした異質な遺伝子組み換えタンパク質の安全性を確証している査読学術論文はひとつもない[13]。その一方で、有害な副作用を含めて、遺伝子組み換え作物の危険性を示す査読学術論文や臨床事例は無数にある[13]。前述したとおり、ナンシー・スワンソン博士は、遺伝子組み換えで作物の生理が混乱し、新たな毒素が生産され、ホルムアルデヒドが蓄積し、グルタチオンが減ることを示している[14]。農務省動植物検疫所のジョージ・パラム所長は「農務省が行う決定のすべては査読された科学論文に基づいている」というが[12,13]、数多くの論文がヒューバー名誉教授の懸念を裏付けているため「どの研究が安全性を実証しているのか」と名誉教授が問いかけたところ、答えは返ってこなかったという[12,13]。

まともなモノを食べたい母親が社会を変える

米国には食品添加物等を規制する厳しい安全規制があるように見えるが、こと遺伝子組み換え食品やラウンドアップに関しては規制を潜り抜け繰り返し緩和されている。米国で遺伝子組み換え食品の市場販売が可能となっているのは「こうした食品が本質的に安全である」と食品医薬品局（ＦＤＡ）が主張したことが唯一の根拠となっているが、ＦＤＡに対して訴訟で公表された文書からは、ＦＤＡの科学者はこの危険性を上司に警告していたが、その警告に耳を傾けられなかったことが明らかになっている[13]。

ハニーカット氏はこう語っている。

「私たちのリポートが報告される前から、モンサントは環境保護庁（ＥＰＡ）に対してグリホサートの安全基準を六・二ppmから一三ppmまで緩和するよう圧力をかけてきました。ですから、彼らはすでにこのデータを持っているのだと思います[9]」

ダイズ油ではグリホサートは四〇ppm[13]、ある食品では四〇〇ppmまで許可されていることから、ヒューバ名誉教授はこう語る[14]。

「企業から言われるままに『これは安全です』としているのです。規制数値は科学に基づいているのではなく、実際にどれだけの物質が食べ物に含まれているのかに基づいているのです」

食品規制基準が繰り返し緩和されているのは、許可基準の緩和を求めるアグリビジネスやバイテク企業からの依頼に応じたためなのである。では、なぜ、このようなバカげたことが可能となっているのであろうか。理由は二つある。農務省がバイテク企業からの数百万ドルのロビー活動を受けていること。同時に、政府の規制機関のポストに民間企業出身者が座っているからだ[13]。これを日本語では「忖度」ではなく「泥縄」と呼ぶ（注2）。

ロシア・トゥデイはこう報じている。

「潜在的なリスクを評価するのは農務省だが、一度許可すれば以前には確認されていなかったリスクがその後に判明したとしても、農務省はその作物を栽培し続けることを認める。そして、米国では潜在的に危険な遺伝子組み換え作物の作付けや販売を停止させる権限が連邦裁判所から奪われている[13]」

ヒューバー名誉教授は、世界の飢餓や気候変動問題を解決し、農民たちの所得を改善するとされてきた約束はひとつも果たされていないとし、遺伝子組み換えは人類史上、最大のでっちあげでペテンだと批判する[14]。

遺伝子組み換え作物は根も浅く完全な条件が満たされたところでしか収量もあがらないため、気候変動に対するレジリエンスが乏しい[18]。収量そのものを高める遺伝子組み換え作物はまだ存在していないし、作物を病気に弱くし、病害虫被害のリスクを高めむしろ収量を減らす[13]。にもかかわらず、科学的な批判が認められない。それは、科学であるというより宗教に近い。後世から見れば盲目になっていたばかげた時代だと驚きをもって振り返ることであろう、と述べている[14]。

一方で伝統的な育種を次のように評価する。

「遺伝子を挿入することで全体を混乱させるよりも伝統的な育種でも収量や栄養分が改善されます。実際、ブラジルでは、ビタミンAを多く含むダイズやビタミンAやビタミンCが多いトウモロコシが伝統的な育種で開発されています[13]」

ハニーカット氏もこう話す。

「私たちは、このリポートを議会、農民、ニュース番組の関係者、学校給食関係者や母親たちとわかちあいたいと思います。私たちは、栄養が不足し、異種タンパク質、毒物、グリホサートを散布されたり、農薬を注入された食べ物を子どもたちに与えたりはしたくないし、安全性についての彼らの嘘にも騙されたりはしたくないのです[6]。米国では過去一〇年で十代の糖尿病と診断される人が一〇倍になっています。アメリカの先住民族の伝統では、リーダーは母親たちが選んできました。もしそのリーダーがやるべきことをやらなければ母親たちはそのリーダーを地位から下ろす権力を持ち続けます[10]。食べ物を買うのは八五%が母親です[22]。選ぶ権利は母親の手にあります[23]。母親たちが非GM食品や有機食品を買えば、非GM食品の生産者も増えます[22]。有機食品を買うだけで、私たちの健康、こどもたちの未来、国の未来も変えることができます。地元の農家を守り、豊かで健康な大地を取り戻すこともできるはずです[24]。母親たちが自分たちに食べ物を選ぶ決定権があることを自覚し、自分たちで変えていけると知ることが大事なのです[22]」

まずは地域の母親たちに広げ、それを全米に広げていく。マムズ・アクロス・アメリカは地域ごとのリーダーがホームパーティなどで一〇人に話し、それを聞いた人がまた一〇人に伝えるというように活動を広げてきた[22]。ハニーカット氏たちに限らないが、米国に無数にある消費者運動のうねりで、第2章で記述したとおり、いま米国では有機農産物ブームが起きている[10]。印鑰智哉氏によれば、最初はハニーカット氏ら主婦たちが「売れ残らないように私たちが必ず買い支えるから」と頼み込んでスーパーに置いてもらったという。けれども、いざ蓋を開けてみるとたちどころに売り切れる[11]。いま米国では子どもの三人に一人が肥満、六人に一人が学習障害、九人に一人が喘息、一二人に一人が食物アレルギー、二〇人に一人が発作性疾患を持っているのだから当然とも言える[22,24]。廉売で成長した大手スーパーであるウォールマートですら有機農産物を売り物にしているし、コストコに至っては有機農家にローンを出して、有機農産物の増産を頼み込んでいるという[11]。本章の冒頭で紹介した工藤陽輔氏が目にしたのは、オーガニック食品の品ぞろえで有名なホールフーズマーケットなどのチェーンに象徴される、急激に変貌しつつある米国の実情だったのである。

[注1　物体X]　ヒューバー名誉教授は正体不明のエンティティという表現をしている。細胞単位で生存し、あらゆる生物と同化することから、SF映画「遊星からの物体X」にちなんでここでは「物体X」と表現した。

[注2　泥縄]　GMOが危険だとの科学者の警告を無視したFDAの責任者マイケル・テイラー氏は以前はモンサントの弁護士だったが、その後、モンサントの副社長となり、その後、FDAの副長官となった。乳がんを発症させるモンサントの遺伝子操作された成長ホルモンrBGHに携わった科学者、マーガレット・ミラー氏も、そ

の後、FDA副長官となっている。モンサントの子会社カルジーン社の重役として遺伝子組み換え農産物の普及に尽力してきたアン・ヴェネマン氏は、第二七代米国農務長官となった。

たねと食とひと@フォーラムのデータによれば、日本の二〇〇〇年の非遺伝子組み換えコーンの輸入量は三〇〇万トンであったが、二〇一三年にはこれが一一〇万トンに減っている。大手ビール会社の発泡酒の糖類も遺伝子組み換えに変わりつつある。世界各地で規制が厳しくなり、米国内でもボイコットが始まっていることからこうした政策を講じてくれる巨大マーケットを抱えた政府があるというのは巨大化学企業にとってはまことにありがたい話であろう。

第4章　フランス発のアグロエコロジー――小さな百姓と町の八百屋が最強のビジネスに

反遺伝子組み換え食品・アグロエコロジー先進国フランス

『モンサントの不自然な食べもの』というフランスの映画をご存じだろうか。マリー＝モニク・ロビン監督が二〇〇八年に作った映画で、国会議員も含め、一五〇万人が観た。誰もがショックを受け同国が遺伝子組み換え食品に対して厳しい政策を取り始める契機となった[1]。日本でも二〇〇八年六月一四日にＮＨＫのＢＳ放送が世界のドキュメンタリー『アグリビジネスの巨人〝モンサント〟の世界戦略』の題名で放映している。

フランスは研究面でも飛び抜けている。第3章で記したように、遺伝子組み換え食品にはラウンドアップの残留物が含まれているが、それが有毒なことを二〇〇九年一月に初めて明らかにしたのもカーン大学のジル＝エリック・セラリーニ教授とノラ・ベナシェラ教授（現在、カナダのサント・アンヌ大学）だ。一〇万倍以上と極低濃度に希釈しても、溶液をかけるとヒトの細胞は二四時間以内に死んだ。呼吸が抑制され、細胞膜やＤＮＡもダメージを受けた[2]。

裁判の面でも進んでいる。二〇一八年八月一〇日、ラウンドアップが原因で悪性リンパ腫を発症したと主張する末期患者の裁判で、カリフォルニア州サンフランシスコの陪審は、モンサントに損害賠償金二億八九〇〇万ドル（約三二〇億円）を命じた[3]。このことは第2章末の補注1でもふれたが、フランスは米国よりも一〇年も早い。ラウンドアップの主成分、グリホサートを「環境に対して危険である」とEUがみなしていることを根拠に環境グループが二〇〇一年に早くも訴訟を行う。その結果、二〇〇七年にはリヨン刑事裁判所、二〇〇八年にはリヨン高等裁判所がモンサントに対して二度、有罪判決を下した。そして、二〇〇九年の最終判決では、最高裁も過去の二度の判決を支持し、「生物分解可能である」「土壌をきれいなままに保つ」という虚偽の広告を行い、安全性に対して真実を語らなかったとして有罪判決を下し[2,4]、一万五〇〇〇ユーロ（二〇〇九年一〇月のレートで二九〇万円）の罰金を科しているのだ。この判決に対してモンサント側は一切コメントしていない[4]。

二〇一四年は国連の「国際家族農業年」で、この一環として同年九月にＦＡＯは第一回目の「アグロエコロジー国際シンポジウム」を開催するが[5]、カリフォルニア大学バークレー校のアグロエコロジーの専門家、クララ・ノコラーズ教授によれば、これもフランスの動きが牽引したという（注1）。二〇一二年一二月にステファヌ・ル・フォル元農相は「私はフランスを、ヨーロッパにおけるアグロエコロジーのリーダーにしたい。農業生産モデルを転換し始めていただきたい」と述べ[6]、フランスをアグロエコロジーの世界のリーダーとすることを目指して「アグロエコロジー・プロジェクト」を打ち出す[7,8]。二〇一四年一〇月には「未来農業・食料・森林法」も可決され[9]、同法は党派を超えて圧倒的大差で支持される[10,11]。それにしてもなぜ、ル・フォル元農相はアグロエコロジーにいち早く着目したのだろうか。

まずは国連が家族農業やアグロエコロジーを評価した理由から整理しておこう。FAOのホセ・グラシアノ・ダ・シルバ事務局長によれば、それは、決定的な二つ事実を公式に認めることから始まった。

第一は、家族農業が地元市場に食料を供給して農村で雇用や収入を生み出している一方で、深刻化する食料危機が物語るようにグローバル市場では食料安全保障がとうてい達成できないことが明らかになったことだ。意外に知られていないが、世界の食料需要は、現在の生産水準でも十分に満たされている[5]。事実、一九六〇年代から世界の穀物生産量は三倍になったが人口は二倍にしか増えていない[12]。いま、世界各地で目にされているのは、食料があふれる中で飢餓が増え続けているという奇妙な現象なのだ[5]。

遺伝子組み換え技術は、さしあたって高収量技術だとされている[12]。第3章を読まれれば眉唾物だと思われるに違いないが、「第二の緑の革命（遺伝子組み換え食品）」による食料増産によってのみ増え続ける人類の食料需要を満たすことができるという主張もそこからなされている[5]。けれども、飢餓問題が、「量」ではなく「配分」の問題であるとすれば[12]、増産が必要だという主張そのものが論理的に破綻していることがわかる[5,12]。この矛盾を克服するには、現在の生産、流通、消費システムを根底から改革するしかない[5]。

第二は、食料危機には、環境、エネルギー、気候変動、社会構造と複雑な因子が絡み合い、単純な市場の論理だけではとうてい歯が立たないこともわかったことだ。課題別の個別対応策では対処できない以上、コミュニティという地元レベルで、エコロジー的にも経済的にも健全な対策をトータルに講じていくしか術はない。そして、アグロエコロジーに取り組む地域は栄養失調や飢餓問題の根絶で着実に成果をあげている。皮肉なことだが、二〇〇八年の食料価格危機が家族農業やアグロエコロジーが欠かせないとのコンセンサスにつながったのだ[5]（注2）。

静かに広まる「再百姓化」――企業型農業よりも家族農業の方が力強い経営体

とはいえ、小規模な家族農業よりも大規模な企業型農業の方が競争力があるというのが常識的な見解ではあるまいか。競争が苛烈になればなるほど小規模農業では生き残れず脱落していく[13]。「農業をビジネス化せよ」「利益があがる魅力的な産業へと転換させよ」と盛んに推奨されているのもそのためだ。若者たちを農業に引き留めるにもそれしかないというわけだ[14]。けれども、オランダのワーヘニンゲン大学の農村社会学者、ヤン・ダウ・ファン・デル・プローグ教授は、現在の農業経済学はマクロ経済とミクロ経済との複雑な関係性を捉えきれない致命的な欠陥があると批判する。例えば、一口に「農業生産性」といっても、労働生産性もあれば、土地生産性や投入資源当たりの生産性もある。農業経済学はこれらをきちんと整理せず、ただ「労働生産性」のアップだけを重視する[15]。労働生産性だけをみれば確かに小規模農業のそれは低い[13]。けれども、面積や家畜当たりの生産性でみれば、小規模農業の方が概して高いし、収量も多い。したがって、企業型農業が離農した家族農業を吸収して規模拡大していくと、小規模農業によって達成されていた高い土地生産性が下がる。ミクロ単位でみれば企業型農業が成功しているのに、成功例が増えれば増えるほど、農業セクター全体の産出量は低下してしまう。こうした皮肉な現象がここ数十年、ヨーロッパでは現実に進行しており牛乳の総産出額が二一%低下しているという[15]。

プローグ教授は、商品化の進み度合いによって、農業は「百姓農業や家族農業」「企業型農業」「資本主義農業」に区分できると考える。百姓（家族）農業は農産物を市場出荷していても、商品化の度合は低く農作業は家族が担っている。一方、企業型農業では労働力以外の資源がすべて商品化されている。そして、労働力を含めて、すべての資源が商品化されているのが資本主義農業だ[15]。

いまは政府からの補助金や支援政策があるために大規模農業ほど有利になっている。けれども、それは、人工的に作られたものだし、グローバルな食料市場には常に不安定さがつきまとう。規制が緩和されればされるほど、グローバル市場は不安定化していく。したがって、大規模企業型農業といえども決してその経営は安定しない[15]。

例えば、二〇〇八年後半から二〇〇九年前半にかけ、平均乳価が約三五から二五ユーロ／一〇〇キログラム以下に落ち込んだ。当然のことながら、企業型農場は資金繰りに苦しめられる。けれども、すべての農場が赤字経営に陥ったわけではない。全体の四分の一を占める百姓（家族）農業は平均で一四・五五ユーロ／一〇〇キログラムの利益をあげた。逆境に適応できたのは、経営が小規模で、外部投入資材をさして使わず、余計な新技術にも投資してこなかったからだ。企業型農場では減価償却費が一四・二五ユーロ／一〇〇キログラムもあるのに対して百姓農業は五・六一ユーロしかない。借金も企業型農場で七・一五ユーロ／一〇〇キログラムもあるのに対して二・一九ユーロしかない。乳価が良い年では、企業型農場ほどは儲からないが、乳価が低迷した年には黒字はわずかだとしても、少なくとも企業型農場のように赤字にはならない[15]。

話はまだ続く。二〇〇九年の企業型農場の赤字は、銀行が追加融資を行うことで一時的に解決された。けれども、二〇一二年に企業型農場は再び経営危機に直面する。今回は、乳価の下落に加えて、飼料代、燃料代、肥料代の高騰も加わっていた。将来の見通しが不安定でリスクがあれば、銀行も投資を差し控える。そのうえ、経営の健全性を維持するために主要国の金融監督当局が構成するバーゼル銀行監督委員会が二〇一〇年九月に「バーゼルⅢ」を公表していた。このため、二〇一二年には銀行は再融資できず、大規模な酪農場の多くは倒産してしまったのだ[15]。

ここに企業型農業と家族農業との決定的な違いがある。企業型農場が生産しているのは「農産物」ではなく「商品」であって、金を稼ぐビジネスとして農業が操業されなければならないとみなす。だから、利潤があがらなくなれば経営が破綻する。けれども、こうした状況であっても家族農業者たちは農業を止めない。ある程度のマネーを稼がなければならないことは同じだとしても、自分が所有・管理する自然や社会資源に立脚しているから、市場にさほど依存していなくても生産できるし、価格変動に対してもより柔軟に対処できる。リスクが高くなればなるほどより力強く対応できるのは家族農業の方なのだ[15]。

プローグ教授は、いま、世界中で家族農業が新たな戦略を試みているとみなす。この戦略を教授は『再百姓化(re-peasantisation)』と呼ぶ。アグロエコロジーの原則にしたがって、農業をより百姓化することで家族農業の強化を彼らは目指しているという[14]。第2章でふれたマックグリービー准教授の自律化を目指す方向性そのものではないか。

就任早々の苦い体験からアグロエコロジーを打ち出した仏農相

この再百姓化の概念を頭に入れていただいたうえでフランスに話を戻そう。ル・フォル元農相は、農業経済学を教える大学の研究者から政界に転じたのだが[10]、二〇一二年五月に就任した早々に直面した苦い経験とアグロエコロジー・プロジェクト発足とは無関係ではない。フランスには「シャルル・ドゥ」という大規模養鶏ビジネスがあり、系列工場が飼料を供給し、目的のサイズまで飼育し、アウトソーシング化された輸送業者が加工処理場に運んで凍らせ、オーブンに入れるだけで食べられる鶏としてEU域外にも輸出するというビジネス・モデルを展開していた。ドゥ・グループは単独でヨーロッパ共通農業政策から最大額の補助金も受領しており、こうした大規模アグリビジネスこそが最も力強い経営体だと専門家たちは主張していた。けれども、ル・フォル元農相が就任直後に、ドゥ・グループは三億ユーロ以上の負債を抱えて破産し、養鶏農家はもちろん、輸送業者にも賃金が支払われず、ブルターニュ地方の経済基盤は大混乱に陥る。延々と繰り返される会議と未払い請求書の山。結果として、ドゥ・グループは何百もの仕事をリストラすることで危機を乗り切るのだが、大規模アグリビジネス・モデルは、何かあれば機能不全に陥ること。そして、それが地方経済に何を意味するのかをル・フォル元農相は痛いほど実体験したのだった。まさにプローグ教授の理論を地でいくような実例ではないか。このエピソードは従来の常識に疑問符を付けるのに十分役立ち、リスクを抱えた既存農政を転換することへの説得力をもたせたのだった[10,11]。

アグロエコロジー・プロジェクトは、経済・環境・社会という三分野を統合することで従来の農業モデルの転換を目指す。農業だけでなく、まったく同じ課題に、経済や環境、社会も直面し、バラバラに政策を打っていては対処できないからだ。とはいえ、アグロエコロジーは抽象的な机上概念ではない。現場での実践経験から成果をあげられることも明らかだった。ただ、惜しむらくはそれは数少ない草分け的な先駆者のものでしかなかった。そこで、プロジェクトでは二〇二五年までに大多数の農業者が転換することを目標に掲げた[7,8]。

同時に、アグロエコロジーは現在の経済成長モデルを見直し、別のやり方で生産・消費をすることを目指す。それは社会全体の思考法を変えることも意味する。そこで、ル・フォル元農相は、農業省や農業協同組合はもちろん、研究機関や農業教育機関、環境保護NGO、食品加工会社等も巻き込み、人々の意識転換のためにあらゆる関連分野をカバーする多様なプロジェクトを構築した[7,8]。生産方法が変われば、マーケティングの内容や流通も変わる。食品加工業者や消費者を含めた川下側のすべての関係者に影響は及ぶ。プロジェクトは、あらゆるパートナーをこのセクターに巻き込む野心的な公共政策なのである[7]。

農家の創造力を重視し生命の相互作用を活かす

ここでアグロエコロジーについて簡単に説明しておこう。アグロエコロジーは、水や養分の農場内循環を促進することで地力を向上させ化学肥料を減らす。耕畜連携、輪作や間作を奨励し、生物多様性を維持することで害虫を自然に防除し農薬も減らす。ポイントは農業生態系内における生物の相互作用を生かすことにある。[7,8]同時に、各農場が自給することで外部環境の変動への影響も減らす。その結果、以下のようなメリットがもたらされるという。

○投入資材経費が削減され、地力が高まり生産性が高まる。
○持続性が高まり、想定外の出来事に対するレジリエンスが高まる。
○収入源が多様化することで、経済的なレジリエンスも改善され、地域発展の支えとなる。

レジリエンスとは、第8章で詳述するが、病害虫の発生や霜害といった外的ショックを受けてももとに戻れる能力、「立ち直り力」だ。要するに、アグロエコロジーに転換して土壌中の有機物含有量を増やせば、土壌は肥沃でより生産的となり、土壌侵食や気候変動に対するレジリエンスも高まる。同時に、かなりの炭素量を土壌中に隔離することで気候変動防止にも寄与できる。フランスはイニシアティブ「食料安全保障と気候のための土壌」を立ちあげ、国連気候変動枠組条約第二一回締約国会議（COP21）ではアグロエコロジーによって農業も気候変動への対応策となりうるとのメッセージを発信し、多くの支持を受けた。[8]

こうしたグローバルな取り組みがある一方で、個々のプロジェクトは各地域の特性を反映して地域レベルで実施されている。[7]というのは、どの農場にも一律で適応できるオーダーメイドの対応策やスタンダードな仕様といったものは存在しないからだ。[7,8]ル・フォル元農相は共通する原則に基づきながら、状況ごとに解決策を見出していかなければならないと主張する[6,7,8]。

ここが有機農業と違う点だ。前述した内容だけを見ればどこが違うのかと思われるが、有機農業ではスタンダードの認証基準に合致しているかどうかを川下側がチェックしていくのに対して、アグロエコロジーの成否は、農業生態系を管理するスキルを各現場で農民たちが高めることに基づく。決まりきったやり方を上から押し付けるのではなく、たえず試行錯誤やイノベーションを重ねていくことが求められる。主役は各農場にある。だから、科学的な知見や経験を農民たちに普及して、草の根での実践や実験を奨励していくことが鍵となる[7,8]。行政当局がトップダウンで指導するのではなく、各農家が、やりたいことにボランタリーで内発的にかかわる枠組みとなっているのもそのためだ。同時に、先駆的な経験や解決策は、実践的な議論や会議を介して誰もがわかちあい、地元レベルで集団的に取り組んでいくことも奨励されている[7]。作物や生物の多様性をガイド原則としながらも、あまりガチガチな規定を設けず、鍵となる一〇ポイントがチェックリストとして掲げられている。それは以下のとおりだ。

①教育――今日と未来の農民を育成
②多様なステークホルダー、経済環境懸念グループの関わり
③農薬使用の削減
④生態的防除とオルタナティブな防除（例えば、アブラムシの管理にテントウムシを活用）
⑤家畜への抗生物質の使用を削減
⑥ミツバチ――持続可能な養蜂を開発
⑦家畜廃水からのメタンガス利用
⑧有機農業を促進

⑨地元に適した種子のストックを選抜育種
⑩アグロフォレストリー──生産を改善するために木を活用[11]

重要なポイントをいくつか補足説明しておこう。フランスは農薬の大量使用国だ。農薬の散布やその周辺への飛散に多くの国民が不安を感じていた[10,11]。そこで、新農業法では、農薬の削減と共に、生物学的防除や天然農薬といったオルタナティブな開発も支援し社会の期待に応えている[10,16]。もはや慣行として化学資材を使用することは認められない[10]。抗生物質耐性、土壌侵食、消費者の健康問題も考慮し[8]、農業における抗生物質使用を削減する最初の法律にもなった[10]。

このように農法の開発が内発的なことが、アグロエコロジーと有機農業の大きな違いだ。さらに、農業生態系の研究という科学的要素と政治運動という社会的要素が入っている点も異なる。ラテンアメリカから始まったビア・カンペシーナ運動が提唱した概念に「食料主権」がある。自分たちが生産したり食べるものはどこの馬の骨ともわからない多国籍企業ではなく自分たちが決めるべきだとの人権概念だ。そして、「食料主権なきアグロエコロジーは単なる農法にすぎず、アグロエコロジーなき食料主権は絵空事にすぎない」がスローガンとして掲げられている[17]。第1章では食料の権利に関わるシュッテル教授がアグロエコロジーを評価したことにふれたが、食料主権とアグロエコロジーと小規模家族農業とは密接に関わるセットの社会的概念であることがわかるだろう。フランスの新農業法もアグロエコロジーの社会性を意識し、持続可能な農業に未来があるとすれば、それは、小規模家族農業であるとし、小規模農家の将来の安全を約束し、また、小規模な小売業者も不利にならないよう調停者を任命することで、集団訴訟を実施できる権利を設けた[10]。

教育がすべての柱——将来世代のために夢あるビジョンを示す

さらに、大切だと思えるのが評価だ。従来の経済尺度ではアグロエコロジーがどれだけ進展したのかを評価できないからだ[10]。二〇一六年一一月二五〜二六日にかけて、ブダペストで「ヨーロッパと中央アジアのためのアグロエコロジー地域シンポ」が開催された。世界の食料の八〇％以上は家族農家が生産し、地元や非公式な市場で販売されていることから、家族農業が重要であるにもかかわらず、ヨーロッパでは農家戸数が減り、かつ、農家所得も低下していること。輸出指向の企業型大農場がある地域に比べて、小中規模の農場がある地域の方が、地域経済も元気で農民たちが幸せであること。そして、多様な農業があってこそ栄養価が高い食も手にできることが確認された[9]。

同じ経済条件の地域でも小規模農家が多くある地域の方が大規模農業中心の地域よりも活力があることは、カリフォルニア大学ロサンゼルス校のウォルター・ゴールドシュミット名誉教授の古典的な研究から知られている。にもかかわらず、アグロエコロジーの経済性が疑問視されるのは尺度が不十分だからだ。アグロエコロジーでは利益があがり、かつ、短期的なパフォーマンスを超えた社会益があることをきちんと示すことが重要だし、従来のミクロ経済のパラメータを超えた多面的な視野から評価する必要性がある。これが「地域シンポ」では指摘された[9]。これもすでにフランスが試みている。新農業法では「経済環境懸念グループ」というセクターを超えた組織も立ちあげた[8,10,11]。作物や生物の多様性をガイド原則としながらも、経済・環境・社会性を考慮して景観レベルで農村の資源管理がきちんとできるよう動機づける仕組みを整えたのだ[8,10]。アグロエコロジーを推進するには、各自が自分の農業のやり方を変え、その経済的・環境的パ

ローマで開催されたFAOの第2回アグロエコロジー国際会議。この会議では、今後の農業の方向性がアグロエコロジーとして明確に位置づけられる。フランスのステファヌ・トラヴェール農相が参加し「2025年までにフランス農業の50%以上をアグロエコロジーにする」と宣言。2018年9月の国民投票で小規模農家による食料主権を憲法に位置づけたスイスの取組みも報告された。(2018年4月、関根佳恵准教授提供)

フォーマンスを改善していくことが重要だ。そこで、国内の他農家と比較できる「自己評価ツール」も開発され、二〇一五年九月から無料で利用できるようになっている。[7,8] こうして経済と環境問題に対して統合的に対応することで、成長経済の発想を見直しながらも、自然資源が効率的に管理され、真に競争力がある農業が実現できるという。[7]

新農業法は、土地政策も抜本的に変える。「サフェール（SAFERs）」として知られる農地管理組織を再編成し、優良農地を強制的に購入することで農地転用を防ぎ、新規就農を希望する若者たちに農地を提供する支援制度を設けた。[10,11]

「農業教育がすべての中心にある」。ル・フォル元農相は教育カリキュラムにアグロエコロジーを組み込み、[6] 農科大学で学ぶ学生たちにアグロエコロジーを教えるため、二〇一三年九月に二二〇人もの新たな研究者やチューターを雇い入れた[10,11]。

狙いは、二つある。ひとつは、アグロエコロジーという新たな農法を若者たちに教えることだ。同時にその知識を備えた次世代の農業者を創出することだ[10]。フランスでも農業者の四〇％は定年を超えるか今後五年以内に定年を迎えるほど高齢化が進行している。後継者の育成は緊喫の課題だが、アグロエコロジーに転換すれば、環境と関連した多くの仕事が創出できる[11]。

二〇一四年法では、二〇二五年までに二〇万の農業従事者がアグロエコジーを実践するとの具体的な目標値が掲げられた[10,11]。フランスの農業従事者は六〇万だから、一見すると大胆な政策目標に思える。けれども、ル・フォル元農相は既存の数値を読み抜いたうえで、若者たちにはアグロエコロジーを実践できる能力もスキルもあるという、ゆるぎなき確信の下[10]、「別のやり方で生産しよう」をキャッチフレーズに、次世代の農民たちに期待を寄せてこう呼びかけた[11]。

「…いま我々が経験している危機から、若者たちのために雇用を創出すべく、多くの努力を農業教育に注ぐことが求められている[10,11]。農業者の四〇％が引退する年齢に近づく中、我がフランスは、企業型農業によって長年苦しめられてきた農村景観を元に戻すことを約束する新たな農民たちの一大集団を必要としている[10]」

悲惨な現実を直視したうえで明るい未来予想図を描く映画が大ヒット

『ＴＯＭＯＲＲＯＷパーマネントライフを探して』という映画をご存じだろうか。フランス人女優メラニー・ロラン氏が二〇一六年に制作したが、予想に反した異例の大ヒットでフランスでは一一〇万人が観たという。三〇か国で上映されたが、日本でもＤＶＤで見ることができる。

「今のライフスタイルを続ければ人類は滅亡してしまう」。お腹に長男を宿したままロラン氏は衝撃的な科学者たちの予測を知る。そこで、友人であるジャーナリスト兼活動家のシリル・ディオン氏とタッグを組んで新たなライフスタイルを探す旅に出る。「農業」「エネルギー」「経済」「民主主義」「教育」の五分野にスポットライトを当てて、パーマカルチャー、都市農業等、世界各地のパイオニア的な取り組みが紹介される。前述したシュッテル教授や在来種子保存と反遺伝子組み換え食品活動で著名なインドのヴァンダナ・シバが登場し熱いメッセージを伝える[18]。

テーマは重い。まさに人類滅亡だ。けれども、「ただし、今のライフスタイルを続ければ」という形容詞が頭についているようにそれは条件付きだ。ライフスタイルを変えれば、結論は変わる。そして、まさに変えることに成功した人たちが、どのように変えたかの実践例を語る。誰も笑顔が素晴らしい。実に楽しそうに難題に挑戦している。共同監督を努めたシリル・ディオン氏はその理由を明かす。

「恐怖を煽ることは、動機づけとして機能しないからです」

これまでも地球環境について警鐘を発するドキュメンタリーは山のように制作されてきたが、なぜ機能しないのか。イギリスの環境活動家、ジョージ・マーシャルは、気候変動問題が無視されるわけを脳神経科学から分析して見せる。カタストロフィに直面するとたとえ問題がわかっていても、さもその問題など存在しないかのように行動する心理的メカニズムが人類にはあるという。

「そこで、問題を指摘しながらも同時にソリューションとなり得るビジョンを提示したかったのです。世界に変化を与えることはできるというのがこの映画のメッセージなのです[19]」。観客の多くは「自分もいろんなことをやってみたいと思うようになった」との感想をもらすが、映画を見た筆者もそうだった。

イギリスの小さな町、トットネスの取り組み。伝統的な古い町並みに、ごく自然に農家の店や地元産のワインの店がある。写真の店舗だけでなく、商店街のほとんどで地域内の循環型経済を目指し地域通貨が使える。（スティーブン・マックグリービー准教授提供）

地場農産物を地元の八百屋で買えば町は蘇る

映画にはトランジション運動も登場する。イギリスのデヴォン州のトットネスという人口八〇〇〇人ほどの町でパーマカルチャーの教師をしていたロブ・ホプキンス氏が二〇〇六年から始めた運動だ。気候変動と石油が枯渇するピークオイル問題を解決するには、地元を見直すしかない。地産地消や地域通貨等様々な試みがなされるが、この運動が世界的に広がったのは、ホプキンス氏が「参加型楽観主義（engaged optimism）」を提唱したからだった[20]。デヴォン州ではいまだに農業が最大の産業だが、イギリスでも大型スーパーや大規模加工業者が熾烈な競争を繰り広げ、多くの小規模農家が廃業している[21]。「社会をよくしたい」という気持ちがあっても、「未来への怖れ」から行動をしていれば、無理をして燃え尽きてしまうことが多くある。それよりも、よりよい未来を描き、こうありたいと願う未来に向けて楽しみながら行動した方がいい[20]。

ポジティブなビジョン。内田樹名誉教授や見田宗介名誉教授、ル・フォル元農相の主張、ロラン監督の戦略と重なるではないか。とはいえ、ビジョンに加え自分の行動がどのような未来絵図につながるのかが実感できればさらによい。そこで、「ローカル・エコノミック・ブループリント」という形で「見える化」がされた。例えば、トットネスの八〇〇〇人の住民たちは年間に三〇〇〇万ポンド（約四四億円）の食費を費やしているが、食材の八割は五〇キロメートル圏外から調達されていた。これは二二〇〇万ポンド（約三三億円）の市場可能性がまだ地元に眠っていることに他ならない。おまけに、地元にある約六〇の食料品店では一〇〇〇万ポンドしか使われていない一方、大手スーパーには二〇〇〇万ポンドが落ちていた。大型チェーン店で使われたマネーは、地域外の生産者や流通業者、サービス事業者へと流れ、地元には賃金として支払われる分しか残らない。けれども、地元の食品店でマネーを使うとどうなるか。「英国の地方を守るキャンペーン（Campaign to Protect Rural England、CPRE）」が社会実験で調査したところ、地元で支払われた一〇ポンドは何度も使われ、地元経済に二五ポンドの価値を生み、「乗数効果」が二・五もあることがわかった。地元の食品店は、同じ売上高当たり大型スーパーの三倍もの人数を雇用でき、農家当たりの雇用労働者も地域平均が二・三人であるのに対して地産地消に取り組む農業者ではフルタイムで平均三・四人と一・五倍も多く雇用していた。食材の出所とその流通業者という切り口から四パターンに分類すれば、大手スーパーから地域外の食材を買うのが最悪である一方、地元農産物にこだわり、かつ、それを地元店舗から買うことが地域経済の強化ポイントであることが見えてくる。これまでよりも一割だけ地場農産物を多く買うだけで地域経済には二〇〇万ポンド（約三億円）が加わるし、それを地元商店から買えば、そのマネーは地域内で循環し、支払われた額面以上の効果をもたらし、五〇〇万ポンド（七億四〇〇〇万円）も地元が潤うことが明らかとなったのだ[21]。第3章で見た米国の母親たちと同じように、日々の消費者の選択によって、無視できないほど社会が変えられることがわかるだろう。それでも、二〇一五年の家庭支出調査によれば、イギリスで食費が占めるのは家計のわずか一一%ほどだ。日本のエンゲル係数が二五%もあることをふまえれば、この取り組みは、日本においても意味があるのではないだろうか。

［注1］二〇一六年五月に京都の総合地球環境学研究所で開催されたシンポジウム「北米とラテンアメリカにおけるアグロエコロジー　日本との比較検証」で故折戸えとな博士がノコラーズ教授から聞き取り。

［注2　食料価格危機］二〇〇八年、世界の食料市場では穀物価格は歴史的な高値となった。穀物生産国での原油価格の高騰によるコスト増、投機マネーの流入、先進国におけるバイオ燃料の利用、開発途上国での中産階級の増大とそれによる肉類への需要増、オーストラリアの深刻な干ばつ等様々な理由があげられるが、この価格上昇で貧しい国や開発途上国で暴動が起きた。

第5章　ロシアの遺伝子組み換え食品フリーゾーン宣言――武器や石油より有機農産物で稼げ

遺伝子組み換え食品汚染から国民を守れ――規制法によって〇・〇一％までGMOを削減

二〇一二年一〇月二日。ロシアはGMコーンの輸入をいきなり禁止する。この背景には第4章で登場したジル＝エリック・セラリーニ教授が同年九月に発表した研究がある。[1] モンサントの給餌実験は九〇日間にすぎないが、ラットの寿命はもっと長い。[2] 教授が二年間続けて食べさせたところ乳がんや肝腎障害が生じ、[1] メスの七〇％、オスの五〇％が死んだ。[3] ロシア政府はこの研究結果を大真面目に受け止め、予防措置の見地から直ちに輸入を全面停止した[4]（注1）。

二〇一二年八月二二日にWTOに加盟して以降、ロシアは遺伝子組み換え食品を輸入してきた。[5,6] けれども、そのコンプライアンスを遵守しつつも輸入しないことは可能だとして、[6,7] 二〇一四年三月二七日にプーチンはこう述べた。

「WTOの義務に反しないようきちんと仕事をこなす必要はあるが、なによりもロシア人民を遺伝子組み換え食品の消費から保護するための法的手段や措置を講じなければならない[7,8]」

二〇一六年一月九日には「GM食品及び西側の医薬品産業からロシア人民を守ることを命じる大統領

令」を出す。遺伝子組み換え食品やジャンク・ファストフード、ワクチン等によって利潤を生む西側のビジネス・モデルを深く憂え、プーチンはこう述べたという。

「我々は生物種として、肉体や脳を上昇軌道に乗せて健康的に発展させ続けるか、あるいは、西側諸国の模範に倣い、本来ならば危険で中毒性のあるドラッグとして分類されるべき遺伝子組み換え食品、医薬品、ワクチン、ファスト・フード等を意図的に摂取することで我が人民を毒殺するかの選択を迫られている。我々はこれと戦わなければならない。肉体的・精神的に病んだ人民を生み出すことを我々は望んではいない」

ロシアの報告書は、西側諸国の平均的な人間象を「テレビの前で高果糖のコーンシロップの中毒症状に苦しみ、ワクチン漬けで、境界性自閉症の肥満者である」と描写し、人民を意のままに操るために政府が用いるこうした戦術は「陰険にして邪悪」であるのみならず、「中長期的視点からみて非生産的である」と描く[9]。

二〇一六年六月二四日にはロシア連邦議会も領域内における遺伝子組み換え作物の栽培と生産を禁止する法律を可決する。あわせて、遺伝子組み換え食品を輸入した場合の罰則法も設けた[9,10]。

遺伝子組み換え植物または動物を用いて生産された食品を禁止し、操作された遺伝子の環境への拡散を防ぎ、そうした拡散が生じた場合の結果を緩和するため、遺伝子組み換え食品と関連するすべての活動を監視する手段を強化し（法第一条一）、規制法の可決に伴い、種子生産法と環境保護法も改正された。再生産ができない。あるいは、トランスゲノム由来のものを含め、遺伝子組み換えに由来するいかなる種子の使用も「遺伝子工学的な方法を用いてその遺伝子プログラムが変えられた動物の再生」の禁止も加えられた（第二条、第三条）[9]。

遺伝子組み換え食品と関連した活動を監視する担当機関の連邦や地元当局には、禁止令の違反者に罰金を科す権利が設けられ（第四条）[9]、法律を犯した市民は、一万～五万ルーブル（一万八〇〇〇～九万円）、企業は一〇万～五〇万ルーブル（一八万～九〇万円）の罰金が科せられ[10]、輸入品及び輸入業者にも新たな登録条件や手順が設けられた[11]。

要するに、研究用途を除いて、遺伝子組み換え食品は一切栽培されないこととなった[11,12]。遺伝子組み換え食品を含む製品の輸入も完全に規制されたわけではなく、研究用に必要とする組織は輸入できた。ただその際にも遺伝子組み換え食品輸入業者として政府に登録することが求められた[9,10]。

また、「消費者権利保護法」によって輸入食品に〇・九％の遺伝子組み換え食品が含まれていればその表示が義務づけられてきたが[8]、表示義務に反したものを罰する新たな条項を含む法律に二〇一五年一月にプーチンが署名したことで[13]、規則違反に対する罰金が二〇一五年に増額され[8]、連邦技術規則・計量庁は、あいまいであったり食品の内容物表示で意味不明な表示に対して罰金を科せることとなった[13]（注2）。

公式統計によれば、こうした規制によって、遺伝子組み換え食品を含む登録食品は五七だけとなり、遺伝子組み換え食品のシェア率も過去一〇年で一二％から〇・〇一％まで低下する[9,11,12]。米国では、規制するべき政府がモンサントと癒着しているために、遺伝子組み換え食品か、そうでないかの表示義務化を一〇〇万人が署名で求めても無視される[13]。けれども、ロシアは表示をはるかに超えた規制をすでに行っている[8]。

遺伝子組み換え食品を売る者はテロリスト——気分はもう反GMO

もっとも、政府側も最初から遺伝子組み換え食品をすべて規制しようとしてきたわけではない。バイテクノロジー政策を所管する農業省は、世界の後塵を拝しないよう二〇一二年には「ＢＩＯ ２０２０」を策定し、農業バイテクを最重点課題としてきたし、遺伝子組み換え食品の安全性を規制する技術規則・計量庁のゲンナジー・オニシチェンコ長官は遺伝子組み換え技術に前向きな見解を示していた。[11] さらに、ＷＴＯの加盟条件の一部として遺伝子組み換え種子の輸入・作付けを認め、[5,6] 二〇一三年九月にはドミトリー・メドヴェージェフ首相が遺伝子組み換え作物の生産や販売を認める法令第八三九号に署名していた。同法令が発効する二〇一四年七月一日以降には遺伝子組み換え作物の栽培が可能となっていたのだ。[6,11,15]

けれども、二〇一四年四月に「この法令発効を三年先延ばしする」との発表がなされる。[6,7,10,15] こうして遺伝子組み換え食品の栽培を事実上、凍結したうえで、[9] 前述した規制法の策定に着手する。[11] 安全確認に必要な適切なインフラが不十分だというのが延期理由だったが、[5,6,11] 環境ＮＧＯが政府や議会、メディアに働きかけ連邦最高裁にも訴えていたことが大きい。[8] 第２章で紹介したとおり、ロシアでは、著名な女性ジャーナリスト、エレナ・シャロイキニ氏が早くから反遺伝子組み換え食品運動の中心を担ってきた。[5,6] 二〇〇四年にはいち早く、ＮＧＯ全国遺伝子安全協会を設立し、セラリーニ教授の研究が発表される以前から遺伝子組み換え食品の研究を行い、ラットの死亡率の増加や生育不全、妊娠率の低下等のリスクがあることを確認してきた。[8] ロシア科学アカデミーとも連携し、二〇一〇年には野生のハムスターで繁殖率が低下することも見出す。[6,8,14]

法案を準備した議会の多数派「統一ロシア」[11] のキリル・セイドヴィ委員も、何百人もが健康を損なう可能性がある遺伝子組み換え食品を輸入する企業の行動は犯罪行為で、故意に輸入することで多くの人民の健康が害されたならば、その行為はテロリストに与えられる刑罰に相当すると主張する。[5] たかが遺伝子組み換え食品の輸入をテロよばわりするとはあまりに過激に思えるが、シャロイキニ氏は、遺伝子組み換えが遺伝子兵器として使われることを警告した二〇〇四年のベルギーでのＮＡＴＯ委員会の声明や米国でのバイオ兵器プログラム開発と化学企業との癒着に関してのイリノイ大学のフランシス・ボイル教授の指摘[6]から、こう述べている。

「ワクチン製造ではウイルスを必要とすることからそれはバイオ兵器プログラムのコインの裏側です。致死的なウイルスを遺伝子組み換えすれば、ある特定の遺伝情報のキャリアの免疫だけを機能させなくする超兵器が得られます。モンサントやバイエルなど西側の軍産複合体とのつながりがどうして過去のものだと信じられましょうか[16]（注３）」

ロシアではＳＦ作家セルゲイ・タルマシェフの『遺産』（二〇一〇年）と『遺産Ⅱ』（二〇一二年）がベストセラーになっている。遺伝子組み換え食品が無規制のまま地球全体に広がって大惨事をもたらすという環境をテーマにした小説で、主人公は、人類の生き残りをかけて、堕落した世界のエリート集団と戦う。次のように語るシャロイキニ氏はこの小説に登場する主人公のようにも見える[17]。

「食べ物はすべての生きとし生けるもののエネルギー源で、その安全性は、持続可能な発展と同じく、健康や幸せへの鍵です。取り返しがつかない結果を防ぐためには、それが幅広く作付けられる前に、遺伝子組み換え作物やそれと関連した農薬の完全な安全性を担保しなければなりません[8]。身内の健康のことを考えれば、どうしてお金が優先できましょうか。ロシアには広大な領土があります。遺伝子組み換え食品を必要としません。きれいで汚染されないように市場を統制できる可能性が私たちにはあるのです[17]」

ロシア科学アカデミーは、管理された状態においては遺伝子組み換え作物の生産禁止を部分的に緩和するよう議会側に要請していたが、この要望を議会は却下する[10]。二〇一四年一〇月に大衆意見リサーチ・センターが実施した調査によれば、八二％以上の国民が遺伝子組み換え食品はどんな量であれ人間の健康に害があると考えているとの結果がでた[7,10]。遺伝子組み換え食品に対する政府のスタンスは、こうした一般市民の声を反映しているように思える[11]。こうした空気を背景に、二〇一四年にメドヴェージェフ首相も「もし、米国人が遺伝子組み換え農産物を食べたいのであれば、どうぞお食べください。我々は、そうする必要はない。我々には、有機農産物を生産するための十分なスペースや機会がある」と述べている[18,19]。

アルカジー・ドヴォルコーヴィチ副首相も二〇一五年六月にサンクトペテルブルクで開催された国際経済フォーラムでこう発表する[12]。

「ロシアは異なる道を選んだ。我々は、食料生産においてこうしたテクノロジーを使用しないとの決断を下した[20,21]。この決断の結果として、ロシアの農産物は世界で最もクリーンなもののひとつとなった[13]」。同年に京都で開催された第一二回科学技術と人類の未来に関する国際フォーラムでも副首相は「世界を養うために遺伝子組み換えを使う必要はない」と述べている[12]。ニコライ・フヨドロフ農業大臣も「ロシアは遺伝子組み換え食品フリーの国のままでなければならない。政府はその人民を毒殺したりはしない」と同じ趣旨を語っている[13]。

遺伝子組み換え食品を巡る米露の情報戦——GMOの危険性を発信するロシア・メディア

世界中の反遺伝子組み換え食品団体はロシアの動きを歓迎した[11]。米国の反遺伝子組み換え食品団体、ナチュラル・ソサエティのクリスティーナ・サリヒ氏はこう述べる。

「プーチンが行うすべてに同意することはできない。けれども、少なくとも、私たちの大統領が米国内においてはやらないことをする気はある。遺伝子組み換え食品を国内に入れないことで、その身内を遺伝子組み換え食品から保護している。テロ行為と遺伝子組み換え食品とを同等視するロシア議員の見解は明快で、我が国もある程度は模倣しなければならない。おまけに、この法案では、遺伝子組み換え食品の悪影響に関する情報をゆがめたり隠蔽する企業も重く罰せられる。もし、この法律を米国で可決すれば、遺伝子組み換え食品が与える健康や環境破壊の証拠を隠蔽するための働きかけをしてきたモンサントはその罰金で破産してしまうだろう[22]」

ロシアが資金提供するニュース・メディア、ロシア・トゥデイやスプートニクはいずれも米国内で多くの視聴者を持つが[18]、ジェフリー・スミス氏のような反遺伝子組み換え食品活動家を番組に招いて遺伝子組み換え食品の危険性を報道している[11]。

米国のメディアすべてをあわせた以上にロシア・トゥデイとスプートニクが「遺伝子組み換え食品」を報じているのは不自然ではないか[13,18,23]。これは市民の反遺伝子組み換え食品感情をかき立て、遺伝子組み換え食品を駒にして米国社会を分裂させようとするロシアの策謀に違いない。ネットで検索すれば、アイオワ州立大学のショーン・ドリウス准教授の警告が数多くヒットする[12,18,24]。さもありなん。KGB出身のプーチンのことだ。いかにもやりそうではないか。そう思われるかもしれない。けれども、反遺伝子組み換え食品を報じるかどうかはさておき、それ以上に、消費者側の関心や反発がこれだけ高まっているにもかかわらず、米国のメディアが遺伝子組み換え食品の話題をほとんど取りあげないことの方が問題だと指摘する[12,18]。

団体、サスティナブル・パルスのヘンリー・ローランズ代表は、ロシアのメディアが遺伝子組み換え食品代表によれば、遺伝子組み換え食品はロシアだけでなく三〇か国以上で禁じられている[18]。ロシアは、米国バイオ企業からの圧力に屈することなく、こうした国と同じように予防原則を厳守しているにすぎない[17]。

そして、こう続ける。

「悲しいことに、アイオワ州立大学の研究者は、遺伝子組み換え食品産業やその支持者からずっと大金を受領してきた経歴があることが暴露されています。つまり、こと遺伝子組み換え食品の話題に関しては、米国メディアよりもロシアのメディアに多くの自由があるのです[12,18]。消費者の健康を大切にするロシア政府のスタンスが間違っているとすれば、ロシアがすることはすべてが反米的だと考える罠にはまってしまうのです[12]」

二〇二〇年の挑戦——有機農業での自給と有機農産物輸出を国家戦略に

プーチンが目指すのはただ遺伝子組み換え食品フリーの健康な食材を国民に提供することだけではない[23]。二〇一五年一二月三日のロシア連邦議会ではこう発言した[25,26,27]。

「我々は国家目標を定めなければならないと私は思っている。それは、二〇二〇年までに国内で生産された食材を国内市場に完全に提供するということだ[26]。我々は、我らが大地から食を得ることができる。しかも、重要なことに我らには水資源もある[25,26]」

ロシアのような巨大な国で自給を達成するには莫大な食料が必要だ。できるわけがないと考える人もいる。事実、旧ソ連は失敗した。だが、プーチンは違う[28]。宣言時の自給率は六〇%だったが、自給目標はかなり達成されつつある[25,26,27,28]。それだけではない。プーチンは非GMO農産物・有機農産物の世界最大の輸出国となることを国家目標にするとのビジョンも掲げてみせた[23,29]。

「これが、とりわけ重要なのだが、ロシアは、西側の生産者たちがはるか以前に生産することを止めてしまった健康的でエコロジー的にクリーンで、高品質な食料の世界最大の供給元になることができる。そして、かかる製品のグローバルな需要は高まり続けているのだ[25,26,27,30]」

二〇一七年一一月にベトナムで第二五回アジア太平洋経済協力サミット（ＡＰＥＣ）が開催される直前にはプーチンは「ロシアは、アジア太平洋地域における有機農産物の主要供給源となるであろう」とのメッセージも発信してみせた[30]。

この発言はプーチンの独りよがりの思いつきではない。遺伝子組み換え食品に対する消費者の意向やそのマイナス面をトータルに分析した後で[23]、非ＧＭＯ農産物輸出は新たな経済戦略の目玉に据えられている[29]。

よりよい産品をつくりだそうというインセンティブを欠いた生産者と非効率で遅れた巨大な集団農場。多くの人たちは、ロシア農業に対してこんなイメージを抱いている[27]。いまも、旧ソ連時代の負の遺産は一掃されたわけではなく、農業企業ＫＰＭＧのイアン・プラウドフット代表は旧ソ連の巨大農場は明らかに無駄だったと指摘する。

「圃場ごとに条件が違うのに最高で一〇万ヘクタールもありました。こうした広大な農地上で規模の経済を活かせるだけの最新技術を備えた機械はロシアにはありません。こうした圃場での収量は低く小麦ではヘクタールあたり二・三トンしかないのです[31]」

けれども、こうした旧モデルはほとんどが転換している。一九九〇年代の民営化時代に、以前の国営農場や集団農場の従業員たちへと農地は分配され、全農地の七〇％はいま民営化されている[27]。いまの農業は過去のものとは全く違ってきている[26,28]。米国のアナリストや市場関係者や投資筋は、農業で成功するには、コンピューター化された大型トラクターや農薬等が欠かせないと想定する。最新機材やテクノロジーを欠いていることが、自給を目指すプーチンのネックとなっていると指摘する。けれども、ウォール街やアグリビジネスの見解を超えて見る必要がある。トラクターや農薬がなくても有機農業はできるし[28]、有機農業大国となるうえで、ロシアの立地条件はもともと恵まれている。[25] 南ロシアからシベリア、北東ウクライナ。ドナウ川に沿ったバルカン諸国にまで及ぶ土壌帯。ロシア語で「黒色土」を意味する「チェルノーゼム」は、地球上で最も肥沃で、腐植や養分を豊富に含み、[26,27] 無肥料でも高収量が得られ有機農業を実践するには理想的だからだ。[24]

ソ連崩壊後の一九九〇年代のエリツィンの時代には、店舗に並ぶ食品の四〇%は輸入品で、国産よりも安いために肉すら輸入されていた。[26] 自給率低迷の一因には「メイド・イン・アメリカ」の方が優れているとの認識があることもあった。放し飼いで味も優れた国産鶏よりも工場式で大量生産された家禽類が米国から輸入され、多肉質の美味の国産有機トマトのかわりに、味気のないトマトがスペインやオランダから輸入されていた。[26] スーパーの棚にはネッスル、クラフト、ダノンといった多国籍企業の商品があふれ、ロシア人の多くは自国の豊かな食べ物の味を忘れていた。[27]

けれども、エリツィン時代に理解されていなかったのは、工場型農業の導入以降、米国産の食品の質が劇的に低下していたことだった。[26] 中核農業地帯では、化学肥料や農薬の多投や家畜を介して農地に入り込む抗生物質で土壌は劣化し土壌微生物が激減している。[26,27,28] トウモロコシやダイズも九割以上が遺伝子組み換えだ。GMO食品は見かけはきれいでも、味気がなく、有機農産物と同じだけの栄養分も鮮度もない。米国のアナリスト自身が米国産の食品が健康的でおいしいとの神話はもはや壊れ、そこから産出される小麦の品質は低いと主張する。それに対してロシアは違う。冷戦時代にも旧ソ連の化学工業は主に国防需要に振り向けられていたために、米国ほどは化学肥料や農薬による破壊がなされず、[25] 残留農薬もなく自然な栄養分も残されている。[28]

変貌するロシア農業——穀物輸出で米国を凌ぐ

プーチンが大統領となった二〇〇〇年から、ロシアはジワジワとその農業生産を高め、二〇〇〇年には小麦輸入国から輸出国へと転じる。輸出量は二〇〇二年以降に急増し[26]、二〇一一〜二〇一三年にはこれまで世界最大の小麦輸出国であった米国に取って代わる[26,27]。二〇一七年の穀物生産量は過去四〇年で最大で一億三四〇〇万トンを超えた。総輸出量は四六二〇万トンに及び、これは他のどの国よりも多い[32]。小麦や大麦の主な輸出先としては、エジプト、サウジアラビア、イラン、イエメン、リビア、ナイジェリア、南アフリカ、韓国といった国名が並ぶ[27]。アフリカやペルシャ湾岸諸国が、米国ではなくロシアを頼りにするのは、距離が近く輸送コスト削減ができるからだ[33]。

ダイズ、ソバ、コメの生産も多く[27]、中でもコメは注目に値する。ロシアの気候条件は決して稲作に適しているとは言えないが、それでも、二〇一六年には一一〇〇万トンの収量をあげ、ロシアで「第二のパン」と呼ばれるコメを自給できることを実証してみせた[34]。

世界最大のコメの輸出国はタイだが、その米価もあがり続けているため、米を主食とする国々の間では、ロシアが注目されつつあり[33]、二〇一二年からはエジプトやリビアへも輸出されている[35]。国防省が二〇一一年に徴集兵の栄養基準を改正し、タマネギとキビのお粥を軍隊食からなくし、コメやソバの実に変えたことが関心を高め、生産意欲を刺激したこと。輸出によって儲かる作物となり、生産量が増えても米価が下落していないことで、年々、生産が伸びている[34]。輸出推進のため、ロシアは港湾のインフラ整備にも膨大な融資をしており[31]、輸出用の施設をスエズ運河にも建設中だ[27]。

プーチンだけでなく、最も裕福な新興財閥、オリガルヒ、ビジネス界のリーダーたちの間でも農業は最大の関心事となっている。[28] ロシア最大の商業銀行、ズベルバンク（ロシア連邦貯蓄銀行）のエフゲニア・チュリコワ頭取はこう話す。

「大金持ちのロシア人にとって、いま最も熱い投資部門は、農業とヨーロッパでのホテルです。このトレンドは、全く新しいものです[27]」

彼らが興味を抱き、未来の成長産業と見なしているものにはハイテク施設栽培での有機農業がある。[6,8,13] ロシアはコリアンダーでも世界最大の輸出国だが、それは水耕施設栽培、ハイドロポニコによって効率的に生産されている。[28]

複合企業システマ社のウラジーミル・イェフトゥシェンコフ会長は、黒海とカスピ海の間で一二三ヘクタールと桁外れの規模を持つ人工気象管理施設「ユージヌイ農業複合企業」を経営している。その目玉は、ハイブリッド・トマト、T-34で、ヨーロッパの最高峰、コーカサス山脈のエルブルス山からの氷溶水を使って栽培された数万トンもの無農薬トマトやキュウリが約一八時間かけてモスクワへと運ばれてゆく。[27,28,39]

プーチンが設けた税制度ほかのインセンティブもあって、オリガルヒたちの多くは、海外の不動産に投資したり、ロシア経済とは無関係のプロジェクトを展開してロシアから富を流出させるよりも、農業に巨額な投資をしはじめている。その結果、国民に大きな利益がもたらされるようになっている。[27]

西側からの経済封鎖を契機に自給率が向上

「我らが農業部門はポジティブな事例である。[25] 一〇年前には、まさに食料のほぼ半分を海外から輸入していた。[26,29,31,36] 危機的な輸入に依存していた。だが、いま、ロシアは輸出者側のクラブに加わった。[27] 農業輸出額はほぼ二〇〇億ドルに達した。これは、武器販売の収益の四分の一以上、天然ガス輸出からの収益の約三分の一だ。[26,27,29,31,36] 我らが農業は、ごく短期間でこの生産的な飛躍をもたらした。その多くは我らが農村住民たちの賜物だ[26]」

このようにプーチンが指摘するとおり、二〇一五年の約一四〇か国に対する農産物輸出総額は二〇〇億ドルだが、二〇一四年よりも五〇億ドルも増えた。[27] ロシアの輸出経済の主力部門は、武器と天然ガスであることから、まさに将来的にも非遺伝子組み換え農産物輸出が重要視されていることがわかる。[29] 要するに、プーチンは国家自給に向けて強力な舵取りを行い、食料は武器以上に多くの利益を生み出すと主張し、世界最大の有機農産物の供給地にさえすると語り、「食」を素材に米国の遺伝子組み換え巨大農場との潜在的な冷戦の到来を告げてみせている。[37]

遺伝子組み換え食品を禁ずることで「クリーンな食べ物」「遺伝子組み換え食品フリー」「有機」としてロシア産農産物をブランド化していく。この戦略を一番脅威に感じているのは、アイオワ州立大学のキャロリン・ローレンス・ディル教授たちかもしれない。教授はロシアの反遺伝子組み換え食品キャンペーンには経済戦略が伴っているとみなす。[19] 米国農業は信頼がおけず、ロシア産の方が「よりエコロジー的でクリーンだ」と描写するための努力だと指摘する。[12]

バイテクではロシアは大きく後れを取っているし、[21] ロシア側もその事実を認めている。[24] 反遺伝子組み換え食品にはグローバルな農業市場における米国のバイテク優位を叩く目的があると指摘し、[19] さらにこう分析を続ける。

クリミア半島を併合した後、ロシアは米国から経済制裁を受けている。この国が遺伝子組み換え食品に関して、ある方向へと米国世論を動かそうとしていることに対して警戒しなければならない。[18]

モスクワ郊外のダーチャ
写真に写っている小屋はセルフビルド。区画が決まり隣との敷地の間は自由に耕作できる。プーチンはダーチャでの自給を促進するため0.9～2.75haまでの国有地を無償で貸し出す「私有菜園法」を2003年に策定した。農地は相続も可能で生産物には課税しないこととした。そして、2006年6月には農地取得を促進する新たな法律も制定した。2011年現在、ジャガイモの80%、野菜の65%以上、牛乳の50%と総食料の約40%がダーチャで生産されている。(2014年3月、ダーチャ研究者から提供)

クリミア併合という政治問題が遺伝子組み換え食品禁止と関連しているというのは意外に思えるが、確かにこれは無関係ではない。ロシア軍がクリミアに侵攻・併合すると、米国、EU、日本は、ロシアに打撃を与えるため経済制裁を科す。クレムリン側もこの報復措置として、二〇一四年八月に米国やEUからの食料輸入を禁ずる。[24,25,26]それはロシアの全輸入食品の六一%にも及ぶ。当然のことながら農産物価格は高騰し、消費者は苦しめられた。[25]けれども、アレキサンダー・トカチョフ農相はこの経済制裁を前向きに捉えた。

「消費者は、いま、店舗でロシア製の商品を探して満足しています」と農相は言う。スーパーの棚から外国製品が消滅したわけではなかったが、ソ連は伝統的な経済計画に戻ることができ、二〇二〇年の自給達成に向けてポジティブな影響があったと主張する[37]。

災い転じて福となす。振り返ってみれば、これは大きな転換点となり[26]、二〇一四年の遺伝子組み換え食品禁止にもつながった[31]。

ブランド品依存から食料安全保障と国内自給重視へ。農業政策の転換の結果[24,26]、農業生産は飛躍的に増加する。二〇一三年の自給率は六四%だったのだが[32]、二〇一五年末には輸入食料が約四〇%、二六五億ドルも削減され[27]、二〇一五年の自給率は七二%、二〇一六年の第2四半期では七八%となっている[37]。皮肉なことに西側の経済制裁はロシアの自給率向上にかえって有利に働いた[27]。

脱石油時代の自給自立国家戦略——食の独立は種子から始まる

種子企業は種子に対する特許で莫大な利益をあげている。そのうえ、種子を自家採種できなくしてしまえば農民は毎年種子を買わなければならない。モンサントが一日につき二六〇万ドル以上という桁外れの研究開発費を投じて、独自の種子を作ろうとしているのもそのためだ[38]。

ロシアは穀物の主要輸出国となっているが、二〇一七年七月に一人の学生から「ロシア農業の課題についてコメントして欲しい」と問われると、プーチンはこう述べた。

「農業での進展のペースは良好だ。にもかかわらず、いまだに輸入種子に依存し続けている。これは、近い将来、特別な注意が払われなければならないことだ[28,39]」

農業省のピョートル・チェクマレフ穀物局長も言う。

「食の独立は種子から始まる。我々は誰にも依存しないレベルへと前進しなければならない」

二〇一五年時でロシアはドイツ、米国、フランスに次いで世界で四番目の作物種子の輸入大国となって

郵 便 は が き

料金受取人払郵便

晴海局承認

9986

差出有効期間
2023年 2月
1日まで

104 8782

905

東京都中央区築地7-4-4-201

築地書館 読書カード係 行

お名前	年齢	性別	男・女
ご住所 〒			
電話番号			
ご職業（お勤め先）			

購入申込書 このはがきは、当社書籍の注文書としてもお使いいいただけます。

ご注文される書名	冊数

ご指定書店名 ご自宅への直送（発送料300円）をご希望の方は記入しないでください。

tel

読者カード

ご愛読ありがとうございます。本カードを小社の企画の参考にさせていただきたく存じます。ご感想は、匿名にて公表させていただく場合がございます。また、小社より新刊案内などを送らせていただくことがあります。個人情報につきましては、適切に管理し第三者への提供はいたしません。ご協力ありがとうございました。

ご購入された書籍をご記入ください。

本書を何で最初にお知りになりましたか？
□書店　□新聞・雑誌（　　　　）□テレビ・ラジオ（　　　　　）
□インターネットの検索で（　　　　）□人から（口コミ・ネット）
□（　　　　　）の書評を読んで　□その他（　　　　　　）

ご購入の動機（複数回答可）
□テーマに関心があった　□内容、構成が良さそうだった
□著者　□表紙が気に入った　□その他（　　　　　　　）

今、いちばん関心のあることを教えてください。

最近、購入された書籍を教えてください。

本書のご感想、読みたいテーマ、今後の出版物へのご希望など

□総合図書目録（無料）の送付を希望する方はチェックして下さい。
＊新刊情報などが届くメールマガジンの申し込みは小社ホームページ（http://www.tsukiji-shokan.co.jp）にて

いる。シュガー・ビーツ（甜菜）では約八〇％、トウモロコシではほぼ半分が外国企業のタネだ。[38,39] ある国会議員はプーチンとの会議の中で、遺伝子組み換え種子の世界での売り上げが五〇〇〇万ドルもあり、その大半がその種子に対する権利を所有する米国企業にあることを指摘する。[28] そこで、ロシアがその農業強化のために次の目標としているのが種子の自給なのだ。

ロシアの新興財閥も種子を自給することで輸入依存度を減らすことを望んでいる。

「農業生産分野においては改善のための余地は多くはないのですが、私は、種子にその可能性を見ています。国内での育種はロシアが何千万トンも穀物収量を増やす助けになります」

ロス・アグロ社のモシュコビッチ社長はこう言う。同社は二〇一七年にはダイズ、二〇一八年は穀物の種子に投資する予定だ。農薬製造会社、シェルコヴォ・アグロヒム社もロス・アグロ社と協働して、育種と遺伝学センターを建設するため今後五年間で五億ルーブルを投資する。さらに、興味深いのは、他品種と何度も交配させることで長い歳月をかけながら、遺伝子組み換え種子にあるとされるメリットを備えた種子を開発しようとしていることだ。地元種子を重視するのは、それが、ロシアの気候風土に合い、病害虫に対してより抵抗性があり、かつ、国外産よりも収量がよいからだ。実際、モスクワ物理工科大学のゲノム工学研究所パヴェル・ヴォルチコフ所長によれば、より良い国産種子を開発することで最終的に収量を二〇％も押し上げることができるという。[38,39]

「遺伝子組み換え食品フリー農産物の主要生産国となることができれば、その規制はロシアに大きな経済益をもたらす」とアレクサンドル・ペトリコフ副農業大臣も述べる。

遺伝子組み換え食品の規制は農業振興につながる。反ＧＭＯ運動が世界で広まれば広まるほど、有機農産物の供給国として有利になるというのがロシアの新たな戦略といえる。さらにいえば、プーチンにとっては有機農業で世界を養えるかどうかはどうでもよい。余剰有機農産物を輸出することで経済益をあげることに関心はあっても、プーチンは別に世界全体を養おうとしているわけではない。プーチンが懸念していることは、自国民に美味しく、かつ、健康的な食料をどう提供するかだけだ。そして、その最も確実なやり方は自給することだ。なるほど石油、天然ガスや武器の輸出からも稼げるし、これまではそうして食料を輸入してきた。けれども、化石燃料は有限な資源である。これに対して、食料は永遠に再生産可能だし、かつ、非遺伝子組み換え食品の有機農産物には未来永劫、需要がある。プーチンが、すべての遺伝子組み換え食品を禁止し、二〇二〇年までに食料自給を達成しようとの目標を掲げてみせたのはそのためだったのである[28]。

［注1］日本の食品安全委員会はラットの数が少ない等の理由でこの研究内容を否定している。

［注2］遺伝子組み換え食品の表示制度の改正について

EUでは〇・九％以上の混入がある食品すべてに遺伝子組み換え（GM）表示を義務付けているが、日本は、使用原料の上位三位、かつ、重量比五％以上の成分について表示を課しているだけである。同時に、油や醤油等の加工食品、遺伝子組み換え飼料で飼育した肉や卵についても表示義務がなく世界で最も緩い。食政策センタービジョン21の安田節子代表によれば、スーパーで販売されている食材の六〇％に遺伝子組み換え材料が使われているのだが、食べている事実を認知できない状況となっている。

こうした中、消費者庁は、遺伝子組み換え食品の表示の厳格化の内閣府令の年内施行に乗り出した。しかし、この改正に対して、山田正彦元農相、印鑰智也氏、安田節子氏、そして、堤未果氏は「非遺伝子組み換え食品表示が実質的に不可能になる」と警告する。対象品目と混入率を緩くしたまま「遺伝子組み換えでない」（非GM）の表示だけを極端に厳格化した今回の改正によって「不検出」（実質的に〇％）の場合だけしか非遺伝子組み換え食品表示ができなくなるからである。遺伝子組み換え大豆を輸入する際にはどうしても混入が起こるため、厳格なEUでも〇・九％までの混入を認めている。

なお、東京大学の鈴木宣弘教授によれば、米国からは「日本の遺伝子組み換え食品に対する表示義務は緩いことはよいが非遺伝子組み換え表示を認めていることが問題である。遺伝子組み換え食品は安全だと認められているのに、そうした表示があると遺伝子組み換えが安全でないかのように消費者を誤認させるためやめるべきである」と指摘されていたという[40]。そして、消費者庁の検討委員会には米国大使館員が監視に入っていたという。鈴木教授は厳格化といいながら、「非遺伝子組み換え表示をやめろ」という米国の種子企業の要求を受け入れた改正であると批判する。しかし、そのようなことではなく、消費者庁がいうように日本政府は、遺伝子組み換え表示の厳格化を求める消費者の声に誠実に対応したのかもしれない。とはいえ、非遺伝子組み換え食品の分別のために努力している食品業者の努力は無意味となり、消費者の商品選択の幅も大きく狭まることになる。第3章の章末注2で指摘した通り、結果としては、世界各地で遺伝子組み換え食品への規制が厳しくなる中、こうした政策を講じてくれる政府があることは米国の巨大企業にとってまことにありがたいこととなっている。

［注3］ジェンナーやパスツール以来、天然痘や狂犬病等の治療でワクチンが果たしてきた役割は大きい。その有効性は明らかだが、腸内細菌と免疫システムとが深く関係することがわかってきている。腸内細菌がワクチンの効力をさらに高める一方で、対応する病気によっては、ワクチンが腸内細菌にダメージを与え、とりわけ、乳幼児の免疫システムをそこなうとの見解もある。

第6章　ブラジル発の食料・栄養保障――ミネラル重視の食で健康を守る

砂漠化する先進国の食事

第3章では、狩猟採集民のミネラル豊かな食生活が健康的な食生活の参考になると書いた。ヘブライ大学のユヴァル・ノア・ハラリ教授は、著作『サピエンス全史』（二〇一六年　河出書房新社）で「人間の歴史、性質、心理を理解するには、狩猟採集民のことを知らなければならない。農耕や家畜を飼育し始めたのは一万年にすぎず、狩猟採集民であった時間と比較すれば、ほんの一瞬にすぎない。ヒトの脳や心はいまだに狩猟採集生活に適応している」と書く。なぜ、身体に悪く肥満と直結するアイスクリームを食べたくなるのかがここからわかる。三万年前の狩猟採集生活では甘いものといえば熟れた果物くらいしかなく、希少な果物は他の獣の胃に入る前に食べられるだけ食べることが理にかなっていたからだ[1]。

現代の食事ガイドラインでは、カロリーの六〇％を炭水化物、残りの二〇％ずつを脂質とタンパク質から得ることが推奨されているが、狩猟採集時代は、木の実や魚を中心にカロリーの七五％が脂質、二〇％がタンパク質から得られ、炭水化物は五％以下であったとされる[2,3]。その炭水化物も食物繊維が多く、現代の清涼飲料水のように瞬時に血糖値をあげるものはなかった[4]。現在の狩猟採集民もほとんど糖質を取らない食生活をしており[2]、炭水化物を分解したブドウ糖からではなく、脂質の代謝産物であるケトン体からエネルギーを得ている[5]。もともと人間はケトン体を動力源に生きるようにデザインされている[2,5]。イギリスの人間栄養学の代表的なテキスト『ヒューマン・ニュートリション』が、次のように述べるのはそのためだ。「人類の消化管は炭水化物を日常的に摂取するのに適応していない。とりわけ、精製された炭水化物による血糖値の急激な上昇やインスリンの分泌が様々な病気の元凶となっている[4]」。人体の成分比率をみてもタンパク質が四六%、脂質が四三%、ミネラルが一一%で、糖質は一%にすぎない。このことからも、現代の食がどれほどアンバランスであるかがわかる[6]。高タンパク質、高脂肪、低糖質の食事の方が健康上は望ましい[5]。

『キング・コーン――世界を作る魔法の一粒』(二〇〇七年)という米国の映画をご存じだろうか。大学を卒業したばかりの二人の若者がトウモロコシの一大産地アイオワ州で畑を借りて遺伝子組み換えコーンを栽培することから始まるドキュメンタリーで、モノカルチャー、大規模畜産、肥満等の問題が遺伝子組み換えコーンを軸にあぶり出されていく。二〇〇九年九月三日にはNHKのBSチャンネルが世界のドキュメンタリー『キング・コーン――とうもろこしの国を行く』の題名で放映した。

総合地球環境研究所のスティーブン・マックグリービー准教授は、「Food Security」、いわゆる「食料安全保障」ではいかに量を確保するのかに重点が置かれているが、それと並んで「Food Desert(食べ物の砂漠)」、すなわち、食べ物の質の劣化も深刻化していると指摘する。

「大手食品会社が製造するスナックやソフトドリンク。カロリーだけしかない食品が普及しています。これを『エンプティ・カロリーズ』と言います」

ミネラルやビタミンをろくに含まない食品だらけになっている悲惨な現状は『キング・コーン』で描かれる通りで、故郷の友人や親戚はみな肥満だと嘆く[7]。映画では自分たちが栽培した遺伝子組み換えコーンを口にほおばるなり「なんだこれは、まずくて食えない」と吐き出す。見栄えは立派でも食用ではなく家畜飼料用や異性化糖として加工されるためのものだからだ。

「本来のトウモロコシにはタンパク質がたくさん入っていたが、デンプンだけが多くなるように品種改良された。これを原料に甘味料が作られているが、カロリーが高いだけで代謝機能にも悪い影響を与える」とハーバード大学のウォルター・フィレット教授が発言する。さらに衝撃的なのは生産農家がこう発言するシーンだろう。

「我々は質が高いトウモロコシを作っているのではない。いま、アメリカの農家が作っているのは世界最低のクズなんだ」

学生は農家に問いかける。

「ご自身のトウモロコシを食べますか」

「いいや。私はトウモロコシを食料だと意識して作っているんじゃないんだ。出荷して金が入ればそれでいいんだよ[8]」

健康を維持するにはミネラルを含んだ食べ物が不可欠

二〇一八年七月二九日。長野県千曲市で「子どもたちの笑顔のためにドクターから見た医食住同源」と題して、内山葉子医師の講演会が開かれ、「ＮＡＧＡＮＯ農と食の会」のメンバーらとともに聴講した。講演では内山医師は知らず知らずのうちに体内に取り込まれるグリホサートや内分泌撹乱物質の危険性を指摘し、「デトックス」という言葉が流行する一方で、人間が本来持っている解毒能力が低下していると警告する。

「身体に取り入れた毒を排出する鍵となるのは酵素です。そして、この酵素を活性化させるにはミネラルやビタミンが必要なのですが、これが不足しています。なぜならミネラルをもたらしているのは土壌微生物だからです」

内山医師は腸内細菌の乱れと土壌の劣化は表裏一体だとし、遺伝子検査やサプリメントだけに頼る治療は的外れだと続ける。

「確かに、遺伝子にトラブルがあることはあります。ですが、本当に遺伝子に問題があれば人は生きて生まれてくることはできません。ほとんどのトラブルは酵素のトラブルです。鍵は私たちの身体に棲息してミネラルを作り出してくれている細菌なのです」

内山医師は酵素、アルカリホスファターゼの化学構造をプレゼンする。マグネシウムと亜鉛がタンパク質を結びつけて、複雑な構造を作っていることが一目瞭然にわかる。ミネラル分を含むまっとうな食べ物で健全な食生活を送ること。ミネラル不足で植物が病気になることを第3章では指摘したが、人間の健康も同じだというのが講演の結論だった[9]。

話がいきなりブラジルに飛ぶ。栄養学の専門家、サンパウロ公衆医科大学のカルロス・モンテイロ教授は、サンパウロ州の貧しい村やスラムで小児科医として働くことからそのキャリアを始めた。一九七〇年代当時、人々は餓え、体重が不足し多くが貧血だった。けれども、いま教授が主にかかわっているのは栄養失調ではなく肥満問題だ。一九七〇年代中頃にはブラジルでは肥満者が男性は三%以下、女性は八%以下しかいなかったのが、現在では成人の一八%が肥満で、慢性病や糖尿病のように食と関連した病気も激増している。

なぜなのか。教授は人々の食生活を何年もかけて解析した。そして、一九八七〜二〇〇三年にかけての各家庭の食費データから奇妙なことに気づく。栄養学者たちのアドバイスにしたがって、肥満の原因とされる砂糖や大豆油の消費量が減っているのに肥満が増えていた。コメやマメ、キャッサバ、生鮮野菜、ミルク、卵の消費が減る一方、インスタント麺、ソーセージ、パンやクッキー等のシリアル製品、ソーダの消費量が増えていた。パーム油やコーンシロップ、人工甘味料から製造されるこうした食べ物を教授は「超加工食品」と呼ぶ。そして、それを食べることが肥満の原因だと指摘する。伝統的な栄養学でも脂肪、砂糖、塩分過多となるために加工食品は不健康とされているし、汎米保健機構のリポートも一四か国のデータから、超加工食品の消費量と肥満とが関連があると指摘する。けれども、教授によれば「超加工食品」の被害はこれにとどまらない。問題は、こうした超加工食品の原材料となる農産物は家族農家が生産する農産物ではなく、企業型農業が生産するトウモロコシやダイズから作られていることにある。

「多国籍企業が支配するフードシステムにローカルなフードが置き換えられています」と教授は言う。

加工食品の売り上げが米国やカナダで頭打ちとなる中、多国籍企業はラテンアメリカに重点をシフトする。超加工食品は、食品科学者たちが欲望を刺激するよう工夫がこらされているため、麻薬のように伝統的な家庭料理を蝕み、健康を害するだけでなく、ローカル経済や地域環境、豊かな郷土食の伝統を破壊していく[10]。

世界で最も進んだ食のガイドライン——料理は家族や友人が楽しむ時間

ペルー保健省のエンリケ・ヤコビ副大臣はこう語る。

「ラテンアメリカで我々はまだ料理をしています。我々はこの料理の伝統を愛します。こうした食の伝統を構築するために、おそらく五〇〇年、六〇〇年がかかったのです。ですが、食品業界はわずか一〇年でこのすべてを破壊できるのです」

けれども、人々は黙ってはいない。こうした状況への反動から、ラテンアメリカは、世界でも先駆的なフード政策の実験場へと変わってゆく。例えば、米国ではカリフォルニア州のバークレーが二〇一五年にソーダ税を設けた最初の都市となったが、その際に参考とされたのが、二〇一四年にソーダとジャンクフードに対する課税を法制度化したメキシコだった。メキシコだけではない。チリもソーダに課税し、エクアドルは不健康な食品に内容表示を義務づけ、チリとペルーでは不健康な食品の広告を削減する法律を可決した。

モンテイロ教授もこうした改革のリーダーの一人だった。ブラジルは憲法に食料への権利を位置づけ、保健省はモンテイロ教授の支援を受けて、既成版をはるかに越える食事ガイドラインを二〇一四年に制定する。健康的な食事を「社会的・環境的に持続可能なフードシステムに由来するもの」と定義し、持続可能な家族農業がモノカルチャー型の機械化大規模農場に置き換えられることを警告したのだ。米国にも「食事ガイドライン」はあるが持続性の扱いに関しては大きく違う。米国でも原案の段階では肉の消費量を削減する等の様々な提言が専門家からなされたが、食肉産業をはじめとする業界からの強力なロビー活動によって最終的に持続性への懸念が削除されている[10]。

ブラジルの国家食料栄養保障協議会のマリア・エミリア前長官は「アグリビジネスからは間違った解決

策が提案されている」と批判し、まともな食べ物を口にできることは人権だと述べる。

「市場主義の支持者たちは、栄養学の立場から食べ物を医療の対象にしようとしています。ですが、ブラジルでは広範な市民たちの声を反映させることで、健康的であたりまえの食べ物に対する食料主権や人権が、公式見解として食料保障や栄養保障に含まれることとなったのです[13]」

マックグリービー准教授が指摘する医療ビジネスパラダイムかまっとうな食かのフード・ウォーズがブラジルでも繰り広げられていることがわかるだろう。さらに、ここで前長官が日本でよく耳にする食料「安全」保障ではなく「食料『栄養』保障」という言葉を使っていることにも留意したい。前長官は、地域ごとに食べ物には違いがあることを重視し、日々の食べ物の選択は生物多様性にも影響を及ぼすと指摘する。そして、食事ガイドラインを「大きな前進」とみなす[10]。

食事ガイドラインは超加工食品が健康や社会や環境にどれほどダメージを及ぼすのかを詳しく説明し、それを避けることを勧める。けれども、モンテイロ教授はこうも言う。

「飽和脂肪酸と不飽和脂肪酸の違いを理解する必要はありません。私は普通の庶民が栄養分に基づいて何を食べるのかを決めているとは思いません」

食事ガイドラインは、料理を苦役ではなく、家族と友人とが楽しむための時間と枠組みづける。料理をして食事をわかちあうことの喜びを重視し食べ物と環境とのつながりを直視する。これだけでも従来の栄養学の枠組みを越えているのだが、そのうえで、一日当たりの脂肪や繊維の推奨摂取値という内容が乏しい処方箋を書く代わりに、料理を重視する。そして、超加工食品をほとんど食べていない人たちの食習慣からサンプルとなる料理事例を創作した。それは、アマゾンで食されているキャッサバの粉を混ぜた野菜スープやサンパウロ州ではありきたりのスパゲティ、チキンとサラダだ。研究者の一人は「ヘルシーな食事はなじみが薄い料理だとの考えを打ち消したかった」と語る。これがあたりまえの食事になることがポイントだ。ブラジルには「世界で最高の栄養ガイドラインがある」と言われるゆえんはここにある[10]。

もちろん、国家食料栄養保障協議会も順風満帆な道を歩んできたわけではなかった。一九九五～二〇〇二年のカルドーゾ政権の間には中断し後退してきた。けれども、ルラ元大統領の時代に再制度化される[14]。

印鑰智哉氏はこう指摘する。「一九九三年に数千万人が参加する巨大な反貧困運動が始まる。当時は、飢餓が最大の焦点だった。その後の全社会的取り組みによって飢餓状態は減らせた。特に二〇〇三年のルラ大統領が掲げた飢餓ゼロ政策と民衆運動の様々な取り組みの組み合わせは飢餓を減らすうえで大きな威力を発揮した。しかし、同時にグローバル企業の進出を前に地域の生鮮野菜などを供給していた小規模農家が離農を余儀なくされ、ローカルな食のシステムが破壊され、加工食品などの工業的食品の摂取が特に貧困層で激増し、貧困層での糖尿病などの慢性疾患の激増という事態が出てくる。それに対して、一九六一年から活動してきた市民社会組織ＦＡＳＥ（注１）を中心に反貧困を掲げて活動してきた運動が作り上げたのが、国家食料栄養保障協議会と共に作り上げた栄養ガイドラインだった。食料栄養政策を作るために政府と市民側の協議組織として作られた協議会の長官には市民運動側の代表、ＦＡＳＥの活動家、マリア・エミリア氏が座り、栄養ガイドラインも草の根のコミュニティで議論を重ねる中からボトムアップで作りあげられた[15]」

ルラ元大統領というと汚職した悪徳政治家のイメージが強いが、ブラジルにとって大きな転換となったことは否定できない。そして、戦いはいまも続いている。ブラジルは二〇〇六年に子どもたちに対する食品広告を規制し、不健康な食品には警告を求める野心的な政策を法制度化しようと試みたが、二〇一〇年に採択されたのは内容を骨抜きにされたバージョンとなった。業界から圧力を受けたためだ。けれども、ラテンアメリカの飲食同盟が結成されると状況は変わる。モンテイロ教授の長年の協力者であるノースカロライナ大学チャペルヒル校のバリー・ポプキン教授は「ブラジルのガイドラインは、非常に興味深く、かつ、非常に野心的だ」と述べる。ポプキン教授も世界中で超加工食品の消費が増える中、砂糖飲料に対する課税や規制、子どもをターゲットとした広告に対する規制が必要だと考える。確かに、食事ガイドラインには法的拘束力はない。けれども、それは法的根拠を持つ政策決定の基礎を築く[10]。

アグロエコロジー給食で子どもたちの健康を守る

マリア・エミリア前長官はよりよき政策を実現するためには市民からの社会運動が果たす役割が決定的だと語る[14]。そして、食料栄養政策はアグロエコロジーと直接的に関連すると指摘する[13]。第4章でもふれたとおりアグロエコロジーの地域や国家戦略を開発するため、ＦＡＯは、ヨーロッパ、アジア、アフリカ、ラテンアメリカと各地域会議を開催してきたが、二〇一五年六月に最初の地域会議が開催されたのはブラジリアだった[11,12]。ラテンアメリカ、それもブラジルに白羽の矢が立てられたのは、キューバやブラジルの努力によってアグロエコロジーが最も大きく進展したからだ[12]。

地域会議では、デ・ソウザ農業開発大臣はこう主張した。

「食にアクセスできることは基本的な人権である。しかしながら、食の質、栄養価を抜きにして、ただ量的に増産するだけでは健康や生命を効果的に守ることはできない[12]。なぜなら、いま化学農薬や遺伝子組み換え種子が使われているからだ。我々は、病気や死につながるのではなく健康やいのちを育むことにつながる有益な食べ物を必要としている[13]。このことから、農薬や遺伝子組み換え食品、遺伝子組み換え種子を

以前は大規模放牧で砂地化した土地を農地改革で取得し、アグロエコロジーで多彩な農作物を栽培する家族。ブラジル　マトグロッソ州。(2013年8月、印鑰智哉氏提供)

使わずに、持続可能なアグロエコロジー農業を進める必要性は明白である[12]」

大臣が主張するようにブラジルは農業において相反する二つの顔を持つ。企業型農業が支援され、ダイズと牛肉の世界最大の輸出国として大量の農薬が使用されている一方で、ルラ元大統領のゼロ飢餓政策によって貧困や飢餓の解消に取り組み、二〇一四年には国連の飢餓マップから脱却することに成功する。そして、飢餓と貧困に対応するための柱となった政策は、連邦学校給食プログラムだった。保育所から成人教育までどの公立校でも最低一回は無料の食事を保証され、かつ、連邦学校給食資金の七〇％が自然な食材か高度に加工されない基本食材に支出されなければならないと法律で規定したのだ。モンテイロ教授は、それは世界にとってのモデルだと語る。

さらに、栄養面での食の質を改善するため、二〇〇九年には連邦学校給食資金の三〇％を家族農家が生産した農産物に支出すべきとの法律を可決する。

この学校給食法が家族農家にとっては「革命」となった。以前は低収入のためにやむなく離農し、学歴がないために都市でも最低賃金で苦しんでいた農民たちが、子どもたちのための食材を作れば収入が倍増するとわかり農村に戻って来たのだ。ルラ元大統領は飢餓と貧困の解決のために家族農家を重視した。食料の七〇%を生産しているのは家族農家だからだ。そして、栄養問題と農地改革とを合体した強力な社会運動を展開した。学校給食プログラムの根底には、本物の食べ物や食文化の尊重、家族農業に対する支援という原則が流れている[10]。米国のNGO農業と貿易政策研究所も「個人参加型のフード民主主義」を検討しているが、これがモデルとして評価しているのもブラジルの国家食料栄養保障協議会の背後にある哲学である[14]。

デ・ソウザ大臣は、さらにこう続ける。

「家族農業は、アグリビジネスに比べて遅れているとの理解がある。しかし、これは誤解である。現在、家族農業を支えるため『家族農業プラン』を実施し、ローカルな種子、在来種、伝統的な種子を守り、その生産を支援している。二〇一五~二〇一六年には、『家族農業と健全な食計画』を立ち上げた。こうしたイニシアティブは、ブラジルの文化を保全してアグロエコロジーを強化する重要な要素である。そして、国連は『国際土壌年』を創設したが、各国はこれを論じ、未来を熟視しなければならない。各国はどのような世界を将来世代のために残したいのであろうか。食の安全、食の質、そして、より良き暮らしの質を担保することと土壌とがむすびついていることがいったい、いつ認められるのであろうか[12]」

土壌と微生物の専門家として、自然界の絶妙な共生関係について、テレビ等のメディアで精力的に発信しているオクタヴィア・ホップウッド氏は、こう語る。

「人口が増える中、量を確保する必要性に迫られて、食べ物の質が犠牲にされてきた。ごく少数の必須元素だけを与えれば、植物の成長は促進される。育つ作物も見かけは大きい。けれども、健康や活力に寄与するミネラルを大幅に欠いている。医学や栄養学での認識が高まっているにもかかわらず、高い生産性と低い質というアンバランスに私たちは慣れてしまっている。カルシウムで強くなる骨、鉄を豊富に含む血液、健全な免疫系のためのセレン、心臓を守るコバルト。ナトリウムとカリウムのバランスで生じる神経のインパルス。感情や感覚でさえミネラルで動いている。私はそれを『ディープな栄養』とみなしたい。生命の繁栄は、ミネラルを豊富に含む食べ物、土壌微生物が豊かな健全な土で育てられた食べ物を食べることによってのみ達成される[16]」

印鑰智哉氏によれば、FASEこそが、ブラジルでのアグロエコロジー運動が生まれる上で決定的に重要な役割を果たした。栄養ガイドラインと学校食料調達計画もアグロエコロジー政策の中で実現し、それぞれの地域で推進されているという[15]。ブラジルは、国家アグロエコロジー・有機農業生産政策を展開しているアグロエコロジー先進国だが、なんということはない。本章で述べたミネラルを含む質が高い食べ物。そして、これまで述べてきた反遺伝子組み換え作物、土壌微生物、在来種のタネの保全、そして、家族農業に対する支援は、すべてがつながる同じコインの裏表だったのである。

[注1　FASE（社会・教育支援連盟）＝Federação de Órgãos para Assistência Social e Educacional]

一九六一年に創立されたNGOでリオデジャネイロに本部があり、六州で活発に活動している。高い生活費、児童労働、経済的・社会的格差、人権の侵害といった問題に対処するため、コミュニティや市民参加に重点を置き、民主主義や社会正義の実現のために活動してきた。女性の経済的自立、アグロエコロジーの推進、農村や都市での健全な食べ物への食料権利にも取り組んでいる。

詳しくは、以下サイトを参照のこと。https://fase.org.br/en/where-we-are/

第7章　究極のデトックス——腸内細菌が健全化すれば心身ともに健やかに

腸の健康に左右される気分や心のありよう

「消化管の分泌物は感情の影響を強く受ける」——一八七二年の著作『ヒト及び動物の表情について』でチャールズ・ダーウィンはこう書いた。一見すると別々に思える脳と腸。けれども、深いところでこの二つがつながっていることをダーウィンは見抜いていた。[1] 誰もがそれを日常的に体験している。ストレスや不安があれば腹が下るではないか。自閉症患者の腸内細菌は多様性が乏しくノーマルではないことが多いが、[2] 腸が健全化すると症状が緩和することも臨床試験からわかってきている。[1] 腸と脳とのこの深い関係は「脳腸相関」と呼ばれているが、物語はそれでは終わらない。腸内細菌は心のありようすらも左右し、[2,3]「脳-腸管系」には腸内細菌も深く絡んでいることがわかってきたからだ。[4] 細菌たちのDNAの方が持って生まれた自分のDNA以上に健康にも影響する。[5,6] 第2章で指摘したとおり二一世紀に入って腸内細菌と脳の活動の詳細が解明され始めると、ダーウィンやルイ・パスツールといった生物学黎明期の大御所たちの直感が真実を見抜いていたことが改めて明らかになってきた。そこで、まずは脳が腸と深く関わっていることを確認しておこう。

腸には独自の神経細胞が二億〜六億も集中して存在し「腸管神経系」と呼ばれている。[4,5] モルモットから腸だけを切りとってもベルトコンベヤーのように食べ物を一定方向に運べるし、その食べ物の質を独自に判断して毒であれば嘔吐や下痢の形で排出することもできる。[5] 脳とは別に命令を発信する機能を持つ臓器は腸だけだ。[7]

意外に思えるが腸に入力された情報を最初に感知・判断するのも腸であって、それが次に脳へと送られて処理される。[5]「腹の虫」や「虫の知らせ」と言われる直感が働くゆえんだ。そして、腸の判断を脳に伝える役割を担っているのが、内臓から脳幹へと走る最も原始的な神経系、迷走神経だ。[1] その九〇％は内臓からの情報を脳に伝えるために使われ、[5] 腸から発信されるシグナルは脳にも作用している。[8] 脳は有害成分が入り込まないように解剖学的には「血液脳関門」によってしっかりとガードされているが、[1,8] 迷走神経だけは例外で、「血液脳関門」を迂回して腸と脳をつないでいる。腸が破傷風菌に感染するとその神経毒が脳神経を犯すのはそのためだ。[1,4] コロンビア大学のマイケル・ガーション教授は、腸の高度な機能に着目して、著作『セカンドブレイン』（二〇〇〇年　小学館）で、腸を「第二の脳」と称している。[5,6] けれども、この表現は実は話が逆だ。単細胞生物が多細胞生物へと進化していく際に、まず獲得された器官は腸だった。[5] ヒドラ、クラゲ、イソギンチャクといった腔腸動物はまさに腸からなる生物だが、ニューロンが出現するのはこの段階だ。[5,7,9] 脳はまだないものの腸が立派にその役割を果たして、消化・排泄をしている。[4] 生物が脳を獲得したのは五億年前以降のことで、三八億年前の生命誕生以来、それまではずっと脳なしで生きてきた。[7] つまり、まず腸の神経ができ、次に心臓や肺等の器官が生まれ、それをコントロールする必要性から自律神経が生まれ、最終的に脳が生まれた。[5] 進化史的に見れば、脳の原型は腸であって、腸で作られたシステムが脳に応用されたのだ。[5,7]

脳の健全な成長から記憶力まで左右する腸内細菌

それでは、腸内細菌はどのようにして脳や心にも影響を及ぼしているのだろうか。その仕組みを解き明かそうといち早く実験を行ってきた先駆者が、テキサス工科大学健康科学センターのマーク・ライト教授だ。サルの糞便を分析しながら、教授は言う。

「この糞便から私たちは、腸内細菌が神経化学物質を作り出していることを見出したのです。腸内細菌は私たちと同じものを作っているのです。だとすれば、当然、私たちの行動にも影響するでしょう」

脳内で用いられているのと同じ化学物質を使って、腸内細菌が神経系と語り合っている。一九八五年からそのことを明らかにするため教授は様々な実験に取り組んできた。カンピロバクター菌を飲んだマウスが不安になること。腸内細菌を変えることでマウスの学習能力や記憶力が改善されること。様々な研究は一流の学会誌からは無視され、周囲の反応も冷ややかだった。「誰もが私は狂っていると思っていました」と教授は自嘲する。そのアイデアは世に受け入れられるには早すぎた。けれども、振り返ってみれば教授の研究にはその後に発展する新分野の萌芽がすべて含まれていた[8]。

腸内細菌が心に影響することを決定づけた最も有名な実験が、アイルランドのコークカレッジ大学のジョン・クライアント教授が二〇一一年に行ったマウスの「強制水泳試験」だ[10]。円筒形の容器に閉じ込めて水を注げばマウスは必死で泳ぐが次第に疲れてきってあきらめる。プロザックやゾロフト等の抗鬱薬を投与すれば、めげることなく泳ぎ続けるが、ごく普通のヨーグルト菌、ラクトバチルス・ラムノサス菌を食べさせたマウスにも同じ気力改善効果が見られた。腸内細菌がいればストレスを受けても鬱にならないことがわかったのだ[8]。しかも、腸内細菌がいない無菌マウスの脳はまともに発達していないことも判明する[11]。

脳の健全な成長や鬱病防止になぜ腸内細菌が関与するのか。そのわけは、ライト教授が着目した神経伝ている。例えば、セトロニンの原材料はトリプトファンで[7,9]、卵、魚、乳製品に多く含まれているが[7]、その合成にはビタミンB_6等が欠かせない[9]。そして、この肝心のビタミンB群を合成しているのは腸内細菌だ[7,9]。無菌マウスの脳では健康なマウスに比べて、ドーパミンやセロトニン、ノルアドレナリン（ノルエピネフリン）等がかなり乏しいのはそのためだ[9,11]。

それだけではない。ライト教授が見出したように、腸内細菌そのものも膨大な化学物質を分泌しており、その中には、ドーパミン、セロトニン、γ-アミノ酪酸（GABA）等、ニューロンで使われ気分を左右するのと同じ物質がある。乳酸菌やビフィズス菌の中には、GABAを生産できる種があるし、乳酸菌のある亜種は、アセチルコリンを作り出す。トリプトファンを分泌できる細菌もいれば、ノルアドレナリンやドーパミンを産生できる種もいる[3,8]。

二〇一一年にカナダのマックマスター大学のプレミシル・ベルチック准教授は、腸内細菌を入れ替えることで臆病だったマウスの性格を冒険好きな性格へと変えてみせた[1,4]。同大学ではストレスで不安を感じる脳領域が腸内細菌に影響される事実も明らかにしている[2]。前頭葉前部皮質は、鬱病や統合失調症等、多くの精神障害が関係する部分だが、そのニューロンの軸索の周囲に存在する絶縁性のリン脂質の層、髄鞘（ミエリン鞘）形成と関連した遺伝子の発現に腸内細菌が影響することが明らかになったのだ[8]。

「腸内細菌は脳のニューロンの配線を変えることで不安や行動に影響しています」と同大学のジェーン・フォスター準教授は言う。学習や記憶と関連する脳領域、とりわけ、海馬の発達も腸内細菌に左右される[12]。少なくともマウスにおいては腸内細菌によって加齢に伴う記憶力の低下を逆転できることが見出されている[2]。

神経伝達物質を介して腸内細菌は人を幸せにできる

マウスだけではない。人間への影響の研究も進んでいる。[13,14] 前出のクライアント教授がビフィズス・ロンガム菌を二二人の被験者に四週間食べてもらったところ、以前よりも不安が減り、ストレスホルモンの濃度も下がった。[11] フランスでは神経精神薬理学を研究するミカエル・メサウーディらが二〇一一年に五五人の健康なボランティアを対象にラクトバチルス・ヘルベティカス菌とビフィズス・ロンガム菌を三〇日間、摂取してもらったところ、被験者の幸せ感が高まり、落ち込みや不安や怒りや敵意が減り、[1,3,15] かつ、コルチゾルも減った。[15] カリフォルニア大学サンディエゴ校のカーステン・ティリシュ准教授も二〇一三年に三六人の被験者に乳酸菌を四週間食べてもらう実験を行い、機能的磁気共鳴画像法（ｆＭＲＩ）を用いて乳酸菌が脳に影響を及ぼすことを見出す。ヨーグルトを食べた被験者は感情、認知、感覚と関連する脳領域の活動が静かで、怒った顔写真や恐怖におびえる顔写真を見せられても平静だった。感情を刺激しない状態でも、食べない被験者では、感情と関連した脳領域と中脳水道周囲灰白質とのつながりが強いのに対して、食べた被験者では、中脳水道周囲灰白質と認識と関連した前頭葉前部皮質とが連動していた。これは、感情だけでなく、認知処理を司る脳領域にまで腸内細菌が影響していることを意味する。

「この研究結果は、腸内細菌が外的環境に対する脳の反応の仕方を変えられることを示しています。この発見は、脳機能を向上させる食事や将来の医薬品の研究にとっても大きな意味があります。『食べたもの、それがすなわちあなたになる』とか『腹の虫』といった古い諺も新たな意味を持つことになります」とティリシュ准教授は言う。[16]

二〇一六年にヤクルト研究所が発表した研究では、試験前に八週間、ラクトバチルス・カセイ・シロタ株、すなわちヤクルトを飲んだ徳島大学の医学生はストレスホルモン、コルチゾルのレベルが低くストレスをさほど感じておらず、試験後もセロトニンのレベルが高かった[17]。

セロトニンが不足すると心のバランスが崩れて、慢性化すれば鬱病になってしまうし[18]、ドーパミンはモチベーションや意欲の源泉となっている[9]。心の健康を保持するうえで欠くことができない神経伝達物質を腸内細菌が作り出していることは驚くべきことに思える。けれども、実はこれも話が逆なのだ。もともと、ドーパミンもセロトニンも腸内細菌間の伝達物質のひとつにすぎず[7,8]、細菌たちがコミュニケーションのために腸内で使っていた物質だ。それが使い回される形で神経伝達物質として脳でも活用されるようになり、「脳−腸管系」が築かれていったのだ[7,13]。ドーパミンの五〇％が腸に由来するし[8]、セロトニンは脳幹の縫線核にあるセロトニン神経から分泌されているために[12]、ついつい目が脳にいきがちだが、量的に言えば脳内にあるのは二％にすぎず、八％は血液中で必要に応じて使われ、残りの九〇％は腸に存在し、そこから脳をはじめ身体の各臓器へと運ばれている[7,8]。

腸の内側を覆う神経系には、神経伝達物質に反応して脳にシグナルを送る何百万ものニューロンが含まれ、このニューロンと腸内細菌とは直接ふれあっている[3,10]。腸内細菌が作り出す神経伝達物質によって腸内の絨毛の感覚神経細胞が刺激され、迷走神経を介して脳へと電気インパルスが送られそれが気分を左右している。こんな仕組みがわかってきた[1,6]。迷走神経に特定の周波数の刺激を与えると気分がよくなったり不安になったりすることがわかっている[18]。そこで、医薬品でもなかなか治癒しない重症の鬱病患者を治す方法が考案された。迷走神経を刺激する装置を体内に埋め込んでペースメーカーから電気インパルスを送るのだ。これによって、患者は着実に明るくなるという[1]。そこで、二〇一〇年以降、ヨーロッパでは鬱病の治療として迷走神経を刺激してもよいこととなっている[18]。健常者の場合は、こうした電気信号は体内で作られる神経伝達物質から伝えられている。けれども、こうした神経伝達物質は腸内細菌も産生している。

言ってみれば天然の生きた迷走神経刺激装置だ。腸内細菌が迷走神経を刺激して、脳を、気分をよくさせることができる[1]。

細菌学の父、ルイ・パスツールは「腸内細菌は重要な役割を果たしている。動物は腸内細菌なくしては生きていないはずだ」と述べた。その後に、コレラ菌、ペスト菌、赤痢菌等が発見されたために細菌学者たちは病原菌の研究の方に力を注ぎ、細菌の悪い面ばかりが注目され、パスツールの仮説は無視されてしまった[1]。病理学が得意とするアンチバイオティクス（抗生物質）は「病気の原因である病原菌を退治すればよい」という治療的発想であるのに対して、プロバイオティクスは生物同士の共生を意味する「プロバイオシス」を語源とし、「あらかじめ体内に善玉菌を仕込んでおいて健康になる」という予防医療的な発想といえる[2]。今から一〇〇年も前に有益な細菌を「プロバイオティクス」と名付けたのは、ロシアのオデッサ大学細菌研究所のイリヤ・メチニコフ教授だった[4]。教授は腸内の有害細菌が老化を引き起こす原因だと考え[1,4]、ヨーグルトを毎日飲んでいるコーカサス地方の農民には長寿者が多いと聞き[1,4,19]、善玉菌を増やすため毎日、発酵乳を飲んだ[4]。

メチニコフ教授の著作をいち早く一九一二年に『不老長寿論』（原著一九〇八年　大日本文明協会事務所）として翻訳出版したのは大隈重信だった。この本に影響を受け、一九一九年にはカルピスが誕生し、一九三〇年には京都帝国大学の代田稔博士がラクトバチルス・カゼイ・シロタ株を発見する。博士はヨーグルトを意味するエスペラント語「ヤフルト」からこれを「ヤクルト」と命名した[19]。

メチニコフ教授の発想は戦後の抗生物質の流行から忘れ去られていたが、再評価された。コークカレッジ大学のテッド・ディナン教授はいま「脳-腸-マイクロバイオーム系」という言葉すら作りあげている[5]。

パスツールやメチニコフの慧眼は正鵠を射ていた。

腸内細菌を健全化するには食生活が大切

『「腸の力」であなたは変わる』（二〇一六年　三笠書房）の著者、デイビッド・パールマター医師は、腸内細菌叢を破壊する遺伝子組み換えで作られた異性化糖、抗生物質やグリホサートを危険視しそれを避ける食生活を勧める。[20] 第3章や第6章を読まれた読者はごく当然のことだと共感されよう。けれども、米国はグリホサートを多用して腸内細菌を危険にさらす一方で、腸内細菌を活かしたビジネスにも力を入れている。例えば、ハーバード・メディカル・スクールのジョナサン・シャイマン博士やマサチューセッツ工科大学（ＭＩＴ）のジョージ・チャーチ教授は、優れたアスリートやオリンピック選手の腸内細菌叢を分析し、優れた選手のメンタル面の強さには腸内細菌が関係していることを見出す。[21] そして、エリートたちのパフォーマンスを心身ともに向上させて競争力を高めるのに役立つプロバイオティック・サプリメントの開発計画を立てている。[14,21] 憂鬱な気分を晴らしたり、試験時に集中力を高めるプロバイオティクス錠剤を飲む未来も遠くないかもしれない。[3] 事実、多くのベンチャー企業が新たな治療薬の開発を目指してヒトマイクロバイオームの掘り起こしに邁進し、患者の腸内細菌叢の構成を変えることを目指して遺伝子組み換えプロバイオティクス微生物の特許すら目標に掲げている。[22] けれども、ここから見えてくるのは腸内細菌すらも商品化しようとする医療的な発想だ。マックグリービー准教授の表現を借りれば第1章で指摘したとおりライフサイエンス・パラダイムだ。ある病状を抱えた人に特定の腸内細菌がいることは明らかだが、その細菌と病状との因果関係はまだ明確ではない。おまけに何が目標とすべき健全な腸内細菌叢なのかもわからない。[10] 前出のマーク・ライト教授はサルの糞便中から向精神物質をリストアップしている。それを別のサルの腸へと移植すれば、脳神経の発達状況は変わり、パーソナリティも変化すると考えているが、その一方でこう釘を刺す。

「腸内細菌叢を移植すれば行動も移せます。ですが、科学よりも宣伝が先走っていることを懸念します。オンラインで情報は得られますし、私の論文も引用されるひとつです。多くのプロバイオティクスも買えますが、摂取なさいとはすすめません。まだ多くの研究が必要とされているからです[8]」

それでは、どうすれば腸内細菌を健全化できるのか。カリフォルニア大学ロサンゼルス校のエムラン・メイヤー教授はこう言う。

「腸内細菌叢の構成や生産物が食べ物で変えられる研究があります。炭水化物や脂肪が多い食事をする人と野菜や繊維を多く食べる人の腸内細菌叢は異なり、これが代謝だけでなく脳機能にも影響を及ぼすことが今わかっています[16]」

フォスター准教授をはじめとする誰もが、新鮮な野菜やザワークラウト（乳酸発酵させたキャベツの漬物）のような発酵食品を食べ、ストレス過多を避け、運動をすることが腸の健康への王道だと主張する[11]。善玉菌を増やすにはその餌になる物質が必要だからだ。これを「プロバイオティクス」とよく似た言葉で「プレバイオティクス」と呼ぶ[4]。

「プレバイオティクスとは腸内の既存細菌を養うための食物繊維です。プロバイオティクスのようにただある特定種だけを増やすかわりに繊維を食べれば多くの善玉菌が育つために多くの成果が得られるのです」

オックスフォード大学のフィリップ・バーネット准教授はこう主張する。そして、サプリメントでは健康的な野菜中心の食事を代替することはできないと語る。サプリメントを取っていても、座りっきりの運動不足の生活や質の悪い食事、抗生物質を服用すれば腸内細菌は多様性を失い激減することがあるからだ[11]。

私たちは、腸内細菌とともに生きている[10]。その数は一〇〇兆を超し、数的には身体全体の細胞の一〇倍にも及ぶ[22]。一〇〇〇種もいる細菌は約八〇〇万もの遺伝子を持つ。ヒトゲノム遺伝子二万二〇〇〇の四〇〇倍に相当する。つまり、遺伝子的にはヒトゲノムは一％以下にすぎない[22]。その目方も全体では二キログラムもあって脳よりも重い[11]。体重、アレルギー、代謝や食欲、免疫機能はもちろん、運動能力や鬱病を含め心の健康にすら影響力を及ぼしている[3,11]。私たちは自分のことを知的だと思っているが、ホモ・サピエンスの日々の心の状態は、考えている以上に人類誕生の数十億年も前から存在してきた単細胞生物たちにコントロールされているらしい[2]。

「それには自己の意味に対して大変な含みがあります」と、米国立精神衛生研究所のトーマス・ローランド・インセル所長は言う。

「少なくともＤＮＡの見地からすれば、人間であるよりも私たちは微生物なのです。それは、深遠な洞察であって、人間の発展について考えるとき深刻に受け止めなければならないことなのです[23]」

第8章　タネと内臓——人類史の九九％は狩猟採集民だった

「いま」を生きれば人は幸せでいられる——アイドリングからハイブリッドへ

第1章で紹介した『地球少女アルジュナ』では自然農法の水田に農薬が空中散布されて虫たちが殺戮されるシーンが登場する。「虫も草もほんまは一緒にお米や野菜を育ててるのになんで、なんで殺すん？」問いかける樹奈に福岡正信翁をモデルとした老人はこう語る。

「忘れたんじゃよ。仕事や受験や勉強と時計の時間に追いまわされるうちに本当の今を忘れちまったんだ。虫も草も大地もそして人間も一つになれる本当の今を」

このさりげないセリフは脳神経科学から見ても奥深い。狩猟採集時代の人類の労働時間は一日に三〜五時間でしかなく、残りの時間は、休息や会話、ダンスに使われていた。そのうえ、狩猟や釣りがレジャーであるように仕事と遊びとの区別もなかった。伝統農業もかわらない。文明社会では「仕事＝苦痛」と捉えられているが、心理学者、クレアモント大学院大学のミハイ・チクセントミハイ教授は、その反証として、イタリア北部のアルプス山脈の伝統的なコミュニティ、ヴァル・ダオスタ州のポント・トレンタッス村の事例をあげる。

この村の七六歳のある老婆の暮らしは、毎朝五時に起き、朝食を作り、家を掃除し、牛の群れを放牧し、果樹園の手入れをし、夕方には曾孫に物語を語り聞かせ、週に何回かは友人や親戚とパーティをしてアコーディオンを弾くというごくありきたりなものだ。しかも、アルプスの山村生活は厳しく、村人たちは毎日一六時間以上も働いている。けれども、仕事と遊びの時間がほとんど区別されず、家畜も農作物も友達で自然ともつながっているために充実した幸せを感じている[1]。第2章で紹介した見田宗介東大名誉教授の指摘に通じる話ではないか。

さらに、スポーツであれ、読書であれ、何かに没頭していてふと気がつくと数時間も経っていることがある。時間が飛ぶように過ぎていくこの経験をアスリートたちは「ゾーンに入る」と呼んだが[2]、リラックスしながらも対象に浸り切って集中力が発揮されているこの現象を発見し「フロー体験」と名付けたのもチクセントミハイ教授だった[2,3]。

脳は体重の二～三％しかないが、身体全体のエネルギーの二〇～二五％も消費している。ヒト以外の霊長類の脳は安静時には消費エネルギーのたった八％しか必要としていないことから、いかに脳は燃費が悪い大食漢であるかがわかる[4]。この浪費の大半は、デフォルトモードネットワークと称される脳回路によってなされている。内側前頭前野、後帯状皮質、楔前部、下頭頂小葉等から構成され、意識的な活動をしていないときでも働いている回路だ。発見したのはワシントン大学セントルイス校のマーカス・レイケル教授だが、脳の消費エネルギーの六〇～八〇％をここが占めている。教授によれば何か新たなことを意識的に始めるとしても、その際に必要となる追加エネルギーはわずか五％にすぎない。まさにアイドリング状態の自動車だ。絶えず働くこの脳回路によって身体が消費するエネルギーの実に一一～二〇％が費やされていることになる。[5]

そして、心の乱れは過去や未来に縛られることから始まる。鬱病患者は健常者以上に「あのときにああすればよかった」とくよくよと過去を悔やむネガティブ思考を反芻していることが多いが、自動車のアナロジーで言えば、アクセルを目一杯踏みながら、同時にブレーキをかけているような状態といえる。この無駄を省いて燃費をあげるには、通常のガソリン車からハイブリッド車へとチェンジすればよい。『世界のエリートがやっている最高の休息法』（二〇一六年　ダイヤモンド社）の著者、久賀谷亮医師は「マインドフルネス」はこの脳と心を休めるためのテクニックだと定義する。[5]

マサチューセッツ大学のジャドソン・ブルワー准教授が、一〇年以上の瞑想経験がある人を対象に脳活動を測定したところ、内側前頭前野や後帯状皮質の活動が低下していることがわかった。マインドフルネスがブームになっているのも、瞑想のもたらす効果が科学的にわかり始めてきたからだ。さらに、准教授の研究では、フロー状態にあるときも「後帯状皮質」の活動が低下して自我意識が背景に退いた状態にあることがわかってきた。後帯状皮質は、「自分への捉われ」に関わる部分だからだ。エゴ（自我）が前面にでて「いまこれをしているのは私だ」と意識している状態はまさにフローの対極なのである。[5,6]

狩猟採集民のマインドで生きれば人は幸せでいられる

瞑想によって知覚力が向上することも多くの実験で確認されている。荒れ狂った海に石を投げ込んでも波紋を見ることはできないが、静かな湖に石を投げ込めば波紋は湖面にくっきりと描かれる。「静かな脳は波のない湖のようなものだ」とウィスコンシン大学マディソン校のリチャード・デヴィッドソン教授は言う。統合失調症や自閉症の人の脳も絶えず荒れ狂った状態にあると言え、静かな湖面を保てない。[7]

このため瞑想とは心をリラックスさせるためのものだと考えられている。確かにその一面はある。けれども、ハーバード大学のエレン・ランガー教授によれば少し違う。教授は、流行語となった「マインドフルネス」とは狩猟採集民のマインド状態を表すものだと述べる。「いま、ここ」に意識や注意を向けて外的な環境変化に瞬時に反応できるようにすることが、自然の中で生き延びるには欠かせず、まさにそれが狩猟採集民の意識状態だからだ[7,8]。

人類学者リチャード・ネルソンは、アラスカ中部のロッキー山系の狩猟採集民、アサバスカ族の一部族、コユコン族と暮らし、その驚くべき自然観察力に驚かされるが、それは、たえず研ぎ澄まされた意識、「いま、ここ」を保つことでもたらされていると指摘する。前述したデヴィッドソン教授も、機能的磁気共鳴画像法等の先端機器を用いて、熟練瞑想者の瞑想時の脳の状態を研究しているが、ある意味でそれが狩猟採集民のマインド状態によく似ていることを見出している。そして、瞑想した後では多くの被験者が多くのマネーを寄付することも実験から見出している。ひとたび心の雑音が除かれ、心が鎮まれば、公平性の大切さについてあえて啓発指導しなくても自然と思いやりを持つようになる。教授によれば、心の歪みを正して、進化が育んできた共感という本来の意識モードへと戻ることが瞑想なのだ[7]。

親切、寛容、思いやり、情愛、誠実、もてなしの心、同情、慈悲等、狩猟採集民には驚くべき美徳が見られるが、これも彼らが生きていくための必要条件だった。アフリカ奥地の先住民から、イヌイット、アボリジニに至るまで、生活環境にこそ大きな違いこそあれ、彼らの自然とのかかわりや世界観、精神性は驚くほど類似している[9,10]。トロント大学のヒュー・ブロディ准教授は、著作『エデンの彼方』(二〇〇四年草思社)で、イヌイットには文明社会に見られる精神病は見られないと述べている[9]。確かに人間は数万年にわたってこのような生き方をしてきたし、そこには生きる苦しみはなかった[9,10]。

シカゴ大学のマーシャル・サーリンズ教授も、狩猟採集民が所有や富といった概念を持たないことは、巧妙で卓越した生き方だと指摘し、その生き方は禅に通じるとも述べる[10]。

「あふれる豊かさにいたるためには、もうひとつ、禅の道がある[10]。人間の物質的欲望は有限で僅少で、技術的水準を変えなくても全体として要求に適していると考える。この禅の戦略をとれば、ごく低い生活水準でも比類のない物質的潤沢さを享受できる[9]」

狩猟採集民は、明日を思いわずらうことなく、今日のことだけで生きているが、禅も「いかに生きるか」ではなく「いかにあるか」を問う。禅が目指すのは、明日のために働くという農耕民の生き方ではなく、今を生きる狩猟採集民のあり方である[10]。まさに、第2章で紹介した見田宗介名誉教授や渡辺京二氏が評価する生き方ではないか。

腸内細菌で養分吸収率があがれば自給率は七〇%、誰もが健康になれる

話をマインドフルネスに戻す。マインドフルネスには三ステップがあるとされている。「いま」「ここ」に注意をまず向ける段階。「いま」「ここ」から注意がそれて、心がさまよっていたことに気づいて、「いま」「ここ」に再び注意を向け直すことを繰り返す段階。そして、努力しなくても常に心が「いま」「ここ」にある最終段階だ。とはいえ、いきなり「いま」に意識を向けよと言われても、ほとんどの人はそれができない。そこで、「いま」「ここ」に目を向ける最も有効なテクニックの一つとして、久賀谷亮医師があげ

るのが「食事瞑想」だ。[5]一言もしゃべらずただ味覚に意識を集中することで心を静めていくテクニックは「レーズンワーク」としてハーバード大学でも人気を博したタル・ベン・シャハー教授が授業で紹介している。[11]

食事は禅でも重視されている。道元禅師は、洗顔、歯磨き、掃除等、日常生活すべてが修行であるとし、[8]とりわけ、食事を作ること、食べることが僧侶にとって大切だと説いた。畑を耕すことが調理の第一歩、肥料を作り、土を整え、種をまき、手を入れて作物を育て上げる。食べ物を我が「瞳」のように扱い、決して粗末にしないこと、食と仏道はひとつにつながっていると主張した。[12]

日本の食料自給率は四〇％を切っている。「資源が乏しい日本は食料が自給できない。だから、工業製品を輸出して海外から食料を輸入しなければならない」

筆者のような高度成長期世代は、この論理を小学校の時から聞かされてきた。輸入が止まれば餓死するという恐怖は潜在意識として今も残っている。けれども、最新のカロリーベースの総合食料自給率（二〇一三年）が以下の計算式によって算出されていることはご存じだろうか。

一人一日当たり国産供給熱量（九三九キロカロリー）／一人一日当たり総供給熱量（二四二四キロカロリー）＝三九％

この計算式で使われている「二四二四キロカロリー」という数値の意味も考えられたことがあるだろうか。前述したとおり、エネルギーの一二〜二〇％は過去や未来へと意識が行き来する脳のアイドリングによって費やされている。これは、脳がハイブリッド・モードとなって福岡正信翁をモデルとした老人が言う「本当のいま」を取り戻すだけで、二〇％のカロリーを減らしても十分健康に生きられることを意味する。鬱状態よりは心がクリアーな方を誰もが好む。そうするだけで副産物として食料自給率も着実にアップする。

食のあり方が自給率と関係してくるのはそれだけではない。『土と内臓』（二〇一六年　築地書館）には次のような印象的な言葉が登場する。「大腸細胞の粘膜内層の出液を餌とする腸内微生物がいる。つまり、根は腸であり、腸は根なのである。腸内細菌と土壌細菌の多くが腐生菌、すなわち、死んだ植物質を分解する菌であることは偶然の一致ではない。小腸は根のように水に溶けた養分を吸収する。小腸の内側にある絨毛は根毛と同じではないか。そして、大腸では根圏と同じように微生物によって代謝物が作られている[13]」。土壌微生物と作物、腸内細菌と人間との関係はほぼパラレルなのである。

第1章でも紹介した野口法蔵師は一九九〇年代から「坐禅断食会」を開催しているが、小食による独自の療法を築きあげた甲田光雄医師に師事し、長年の坐禅断食会の実践から「健康の鍵は腸が握っている」と主張する。現代栄養学では生命活動を維持するには男性では一五〇〇キロカロリー／日、女性でも一二〇〇キロカロリー／日の基礎代謝エネルギーが必要とされているが、法蔵師は、腸内細菌がきちんとしていれば栄養の吸収率も高くなり、奈良時代や平安時代の庶民の平均カロリー摂取量は九〇〇キロカロリーで、天皇や貴族たちでも一五〇〇～一六〇〇キロカロリーにすぎなかったと主張する[14]。そこで仮に一三〇〇キロカロリーという数値を前述した数式に入れれば自給率は一気に七二％にアップする。

第3章でも書いたとおり、人間は大腸に腸内細菌を共生させる「後腸発酵」と呼ばれる消化システムを持つ。この腸内細菌は人間が消化できない繊維を消化吸収できる形へと分解する。細菌がほとんどいない小腸で食べたものから吸収される栄養は全体の九〇%。残りの一〇%は細菌の分泌物を大腸が吸収している。牛にはとうてい及ばないとしてもカロリーの一〇%は、一見栄養がなさそうに思える草、つまり、野菜繊維から得ているのだ。それだけではない。善玉菌はビタミンや健康に欠かせない酪酸等の短鎖脂肪酸を代謝物として作り出す。この酪酸があると小腸の絨毛はより健康で大きくなり、ビタミンやミネラルを多く吸収でき、かつ、有害物質もデトックスできる。腸内に細菌をまんべんなく繁殖させる繊維物質、イヌリンを与えたところカルシウムの吸収率が二〇%上昇したという実験結果もある[15]。最新の科学は法蔵師の実践経験を裏付けつつある。その一方で、グリホサートは腸内細菌を殺すことで鬱病も増やすのだから、まさに真逆の働きをしていることになる。

第7章で登場したエムラン・メイヤー教授もグリホサートによって腸内細菌叢がどれだけダメージを受けているのかが消費者にほとんど知られていないと警告し、腸内細菌叢を健全化させるうえで断食を次のように評価する。

「断食は腸内細菌叢の構成や機能、脳にも大きな効果を及ぼす。少数の微生物しか生息していない小腸に細菌が過剰繁殖していると腹部の不快感や膨満感が起きる。断食は小腸から大腸へと微生物が掃き出す、いわば道路掃除だ。乱れた食生活で歪んだ迷走神経や視床下部の感受性も正常なレベルに戻す」

著作『腸と脳』(二〇一八年　紀伊國屋書店)の「日本の読者のためのあとがき」では伝統的な日本食と禅を再評価すべきだと薦める。

「地中海食が健康上、評価されているが、日本を含めてアジアの伝統食も野菜、穀物、魚類が多く、パターンはよく似ている[16]」

「キルスティン・テイリシュ准教授の脳画像研究から内臓感覚に耳を澄ますマインドフルネスが脳腸相関の障害を緩和するうえで有効なことがわかっている。ネガティブな感情は『脳―腸―マイクロバイオータ系』に悪影響を及ぼすが、喜び、幸せ感、社会的な絆感はよい影響を与える。地中海食が健康に良い理由のいくつかはこうした国々の高い社会的な絆や人々のライフスタイルにも由来する。そして、日本食では食事の準備から食べる作法にまで禅の精神や審美的な側面も考慮されている。これも腸内細菌叢と心とのコミュニケーションで重要な役割を果たす[16]」（注1）

幸せな時間を求める第二の枢軸の時代の到来

「NAGANO農と食の会」のメンバーでもある東京の奈須野真弓氏はキャリアウーマンとして会社を経営しながら、こう語る。

「家でご飯を作る時間と手間を考えれば、コンビニか外食がはるかにコスパがよく効率的・経済的だと思っていたのです。ですが、野菜が好きな友人に誘われて農と食の会の有機野菜を口にしたとき、そのあまりの美味しさに感動し人生観が変わったのです。会社を経営していることから、多くの経営者や高所得者とも会いますが、誰も経済的な人生観しか手にしていません。会社としては利潤をあげなければなりませんが、それでも、経済以外の世界もあることを知って生きていきたい。八百屋さんを通して、農家や畑とつながっていることを大切にできる自分に安らぎを感じるのです」

奈須野氏はマネー以外の価値観を求めて身体によい有機野菜を求めているが、その「デトックス」には、化学的な毒素だけでなく、心の毒素も浄化したいという想いがあるという。

吉田脩二氏は、著作『感じる力――瞑想で人は変われる』（二〇一〇年　ＰＨＰ新書）で、誰もが生きることに疲れている中、頭で考えるよりも、身体で感じる生き方を求め始めている。自然に帰りたいという流れは、遺伝子組み換え食品の拒否やオーガニック食品やマクロビオティック等、食の見直しとして表れた。食の次には、ジョギング等の健康な身体が求められ、この先でホットヨガや瞑想が着目されていると書く。そして、この身体へのこだわりを単なるブームではなく「第二の枢軸時代」の到来と捉える。[10]奈須野氏からデトックスの話を聞いてまず思い出したのはこの言葉だった。

前述したとおり、狩猟採集民として生きてきた人々は農業を始めることによって心が病んだ。その反動として、いかに生きるかを考える人々が登場する。[10]それが二五〇〇年前のドイツ実存主義哲学者カール・ヤスパースが「枢軸の時代」と呼んだ時代だった。ピタゴラス（紀元前五七〇～四九五年）、ブッダ（紀元前五六三～四八三年）、孔子（紀元前五五一～四七九年）。互いに交流がないギリシャ、インド、中国において、なぜか、突如として同時多発的に知の思想が花開く。そのわけは提唱したヤスパース本人にもミステリアスだったが、その謎を解くヒントはある。エーゲ海沿岸、インド北部のガンジス川流域、中国北部の黄河流域ではほぼ同時期に世界で初めて貨幣が発明されたのだが、まさに、ここが枢軸の時代の発信地なのだ。[17]

「急速な技術の進歩、富の増大、ストレスの高まり。加速する変化が、人々の安定した暮らしや仕事にプレッシャーをかけて脅かしている[18]」

これは、いつのことか。スリランカ仏教のバンテ・H・グナラタナ長老は「破壊的な戦争と経済崩壊によって、これまで築かれてきた生活パターンが壊されたのは紀元前六世紀のことだった。現代と類似した状況の中でブッダは幸せに達する道を発見する」と述べている[18]。そして、京都文教大学の永澤哲准教授はこう指摘する。

「ブッダの熱心な弟子となったのは、都市国家において商業活動を営む人々が多かった。仏典に貨幣経済に由来する無数の比喩が見出されるのはそのためである[19]」

フランスの思想家、ジャック・アタリは、環境や資源、食料問題が悪化し自然災害が増えれば増えるほど、人間の生命の基底に関わる欲求を満たすことが改めて大きな価値を持つようになるとし、ブッダやマザー・テレサと共通する人格を持つ人々が、利他性に基づく経済や贈与のネットワークを構築していくと考える[19,20]。そして、文字どおり時間を売る賃金労働、「利益を生む時間」よりも「幸せな時間」を求めていくと予言する。アタリの言う「幸せな時間」は、見田宗介名誉教授が『時間の比較社会学』(二〇〇三年岩波現代文庫)で指摘する「自己充足的な時間」とほぼ重なる。そして、利益を生む時間と幸せな時間との関係を社会的・倫理的に深く反省したのも仏教だった。仏教徒たちは利益を生む時間に支配される都市を離れ、農村で幸せな時間を生きることを選択する。そして、彼らが作り出した農村コミュニティ「サンガ」は、贈与というガバナンス原則に基づくものだった[19]。

アグロエコロジーと家族農業が在来種の多様性を守る

マネーか贈与かという対立軸で二五〇〇年前に誕生した仏教を捉え直すと興味深いことが見えてくる。

第2章では、食材も種子も医療とセットで利潤をあげるために知的財産として囲い込むパラダイムとアグロエコロジーに象徴されるように生命も食べ物も種子も贈与でわかちあっていくパラダイムとが対立し、せめぎあうフード・ウォーズの状況が現在だと書いた。価値を奪われないためには知的財産化し、特許化していくしかない。これが種子法を廃止し種苗法に位置づけたことに象徴される考え方だ。けれども、どれほど画期的なゲノム編集技術を開発してみても、科学技術には「普遍性」という性質がある。いくらパテントで保護しようにも、二番煎じ、三番煎じが登場することは避けられない。差ができるとすればそれは価格だけだ。それはコストダウンのネガティブスパイラルに陥っていく。これに対して印鑰智哉氏は本当に価値があるものはオープン・ソースであり、マイクロソフトのような囲い込みは失敗していくと述べている。[21]前出のアタリも印鑰氏と同じ見解に立つ。急速な技術進歩によってモノをコピーしたり、情報を生産することが容易になれば、複製できない生の体験や身体に深くかかわるスキルの価値が高くなっていくと主張する。[19,20]

生の体験と同じようにコピーできないものが価値を持つとすれば、決定的に貴重な財が足下にあることがわかる。それは、在来種だ。種子は生きている。例えば、コシヒカリはもともと福井県で開発されたのだが、山田正彦元農相が茨城県の試験場で聞いたところ、茨城で作り続けられたコシヒカリはその地の風土に根ざし、もうオリジナルなものとは違ったものになっているという。[22]人間が作ったデータは、画一的だし海賊版としてさえコピーが可能だ。けれども、種子は違う。生命の情報は消えない。そのうえ、いくら画一化しようとしても、地域の土壌、気候、周囲の生物との相互作用によって勝手に変化し、「オリジナル」を生み出してしまう。老荘的にいえばまさに「人為」ではなく「無為自然」だ。宮﨑駿製作、高畑

NAGANO農と食の会の2018年8月の月例研究会では「長野市の食と農の未来、市民の力でトランジションを起こすには」と題してスティーブン・マックグリービー准教授が講演を行い、県内各地や東京から50人が集まった。本文でもふれたフード・ウォーズやトロントのフード・ポリシー・カウンシル等、食を巡る世界の最先端の情報を受けて長野で何ができるのか。例会終了後もスティーブン准教授を囲んで熱心に意見交換がなされた。(NAGANO農と食の会、吉田百助氏提供)

勲監督の名作「柳川堀割物語」の舞台である柳川。詩人、北原白秋はその水郷柳川に生まれ、故郷をこよなく愛したが、その遺稿は以下の文章からなる(北原白秋記念館HPより)。

「水郷柳河こそは、我が生れの里である。この水の柳河こそは、我が詩歌の母体である。この水の構図この地相にして、はじめて我が体は生じ、我が風はなった。…」

これこそ、オンリーワン。オリジナルそのものではないか。

現在、人類のカロリーの八〇%は一二種類、九〇%は一五種類だけの植物から得られている。食の単純化は農業の画一化も進める。キャベツの品種は一九〇三年から一九八三年にかけ五四四から二八、ニンジンは二〇八から二一、カリフラワーは一五八から九に減少している。ここに近代農業の大きな矛盾がある。緑の革命によって誕生した作物は、伝統品種をかけあわせることで作り出されたが、広く栽培されればされるほど農業の存続に不可欠となる作物品種を枯渇させてしまう。緑の革命で作り出された作物が栽培可能な空間は、化学肥料と農薬と灌漑によって作られている[19]。ひとたび防御網を突破すれば一匹の害虫は作物品種間の違いや天敵にわずらわされることなくどこまでも作物をむさぼり食い続けることができる。それは遺伝子組み換え作物でも変わらない。一方、種の多様性を担保してきたのは狩猟採集以来の食生活とアグロエコロジーだった。伝統的な自給農業を続ける農民たちは、多様な作物を同時に栽培することで、農業生態系を多様化し病害虫の被害を防いできた。そこでは、森林や草原と同じ様々な生物が織りなす生と死のタンゴが演じられてきた[23]。

スティーブン准教授の「マックグリービー」という変わった姓はアイルランドに多い。聞けば一八四五年の有名なジャガイモ飢餓のときに祖父が米国に移住したのだという。ジャガイモはアンデスからヨーロッパへと持ち込まれたのだが、飢餓の真因は品種に多様性がなく、一種類が病気にかかると全滅したためだった。しかも、ジャガイモも細菌と共生しており、根に特殊な細菌を持つ方が持たない場合に比べて数倍早く成長するという[23]。アンデスの人々は多様なジャガイモ品種だけでなく、各ジャガイモに適した料理法、そして、土壌細菌も保持していたであろう。けれども、土と切り離され、失われた以上、それがどのようなものであったかはわからない。アイルランドに無事たどり着けたのは長い航海でも腐らない品種だけだったからだ。そんな背景もあってか、マックグリービー准教授はタネの多様性を守ることが最も重要だと指摘する。

食を正し体内生態系――腸内細菌の多様性を守る

「多様性」というキーワードはタネや土壌細菌だけでなく腸内細菌にもつながる。ワシントン大学のジェフリー・ゴードン教授が中心となって、アマゾンの狩猟採集民グアイーボ族、南アフリカのマラウイの農耕民、米国の都市住民の腸内細菌を解析してみたところ、前二者は類似し、米国人のそれと大きく違っていた。アマゾンの熱帯雨林とサバンナとでは生態系も違えば食生活も異なる。にもかかわらず、共通しているのは、いずれも植物系の多様な食べ物と飼料作物で育てたのではない野生動物の肉を食べていることだった。ブルキナファソの農村とイタリア・フィレンツェ、タンザニアの狩猟採集民ハッツァ族とイタリア・ボローニャを比較した研究でもほぼ同じ結果が得られている[16]。

前述したとおり、野菜中心の繊維が多い食事をすれば、繊維を好む善玉菌が増え、その分解物である短鎖脂肪酸でリーキーガット症候群や他の多くの病気も防げる。カリフォルニア大学サンフランシスコ校のピーター・ターンボー准教授が健康な男女を対象に植物性主体の食事（穀物、マメ類、野菜、果物）をしてもらう実験をしてみると、短期間で米国型から狩猟採集民型の腸内細菌叢へと変化し、日々の食生活がどれほど大切かが改めて実証された。けれども、ペンシルベニア大学のゲイリー・ウー教授の研究結果はこれとは違っていた。完全なベジタリアンであっても短鎖脂肪酸へと繊維を発酵できないケースがあったのだ。なぜなのか。ウー教授はルミノコッカス・ブロミイ等を欠いていることが原因ではないかと考える。難消化性デンプンをまず分解し、他の微生物が利用できるようにする細菌はいわばキーストーン種だ。イエローストーン国立公園でキーストーン種であるオオカミが絶滅すると生態系全体のバランスが崩壊してしまったように、キーストーン種が絶滅してしまえばいくらパレオダイエットを実践したとしてももはや狩猟採集民たちの腸内細菌叢には戻れない[16]。

健全な生態系は安定性と高いレジリエンス（復元力）という二つの特徴を持つ[16]。安定状態にある生態系という概念をイメージするうえで役立つのは窪地にはまったボールだ。深い窪地にはまり込んだボールは安定していてそのボールを動かすのには大きな力が必要で少々の攪乱ではビクともしない[16]。一方、レジリエンスとは、第4章でもふれたとおり、山火事や土砂崩れのような外的ショックを受けても生態系が復元される能力、「立ち直り力」だ。ここで大切となるのが多様性だ。似た役割を果たしている生物種が生態系内に多数いれば、たとえある種がダメージを受けて激減しても別の種がバトンタッチして同じ役回りを演じるから全体としてのシステムは壊れない[24]。生態系内の捕食者と非捕食者との相互作用を研究する中で、一九六〇年代初期にこのことを初めて発見したのが、フロリダ州立大学のバズ・ホリング名誉教授だ。この現象を表現するために「レジリエンス」という言葉を最初に使ったのもホリング名誉教授だし[25]、一九七三年には生態系には二つ以上の安定領域があることも指摘している[26]。

自然生態系と同じく、腸内細菌叢が構成する生態系の安定性も三次元のイメージで表すことができるのだが、スタンフォード大学医学大学院のディヴィッド・レルマン教授によれば、腸内細菌叢の最も安定した状態は、健康か慢性疾患状態だという[16,27]。ホリング名誉教授の指摘どおりではないか。というか、レルマン教授はホリング名誉教授が見出した原則を腸内細菌にも適用することで研究を進めたのだ[28]。

では、レジリエンスはどうか。生物多様性が豊かであればあるほど自然生態系のレジリエンスが高いように、腸内細菌叢の健全性も多様性が鍵となる。多様性が高ければ攪乱にも耐えられるが、微生物種が乏しければ、食品添加物や農薬、慢性ストレス等に耐える力が低下する。そして、典型的な米国の食生活が身に付いた人々は先史時代のライフスタイルを送る人たちに対して腸内細菌叢の多様性が最大で三分の一も失われているという[14]。例えば、平均的な米国の成人の腸内細菌は約一二〇〇種だが、ベネズエラの先住民は約一六〇〇種もいる[29]。体内生態系のこの損失率は、一九七〇年以降に失われた地球の生物多様性の損失率三〇％とほぼ合致する[16]。

二〇一八年四月一日に種子法が廃止されたとはいえ、まだ表面上は何も変わってはいない。けれども、安心はできない。海外で売り先を失いつつある遺伝子組み換え農産物やグリホサートは、加工食品等のカタチでひそかに私たちの食卓に紛れ込んでくる。まさに第2章16ページで指摘した鈴木宣弘教授が懸念する「七連発」が次々と現実化されているからだ。例えば、二〇一八年八月七日、環境省は遺伝子組み換えによるゲノム編集を遺伝子組み換え食品でないとの見解を発表した。安全上のリスクが高いためEUやニュージーランドでは遺伝子組み換えと同等とみなすゲノム編集をわざわざ野放しにする理由について、印鑰智哉氏は米国で始まったゲノム編集ダイズを日本に輸出するためではないかと推測する[30]。また、第5章注2で指摘した遺伝子組み換え食品の実質上未表示化、食品表示基準の一部を改正する内閣府令により、経過措置はあるものの二〇二三年四月一日以降に製造・加工・輸入されるものについては、非遺伝子組み換え食品表示ができなくなる[31]。

種子法に守られ全国に三〇〇種以上あるコメ品種も急激に失われることはないが、将来的には失われてしまうリスクを抱えている。在来種にしても、土壌細菌にしても、腸内細菌にしても、その本質的な価値は多様性にある。こうした多様性を喪失させるのが、工業型近代農業であり、遺伝子組み換え技術であり、超加工食品に基づく食だ。

在来種にしても、土壌細菌にしても、腸内細菌にしても、その本質的な価値は多様性にある。こうした多様性を喪失させるのが、工業型近代農業であり、遺伝子組み換え技術であり、超加工食品に基づく食だった。だとすれば、その逆をすればよい。家族農業に基づくアグロエコロジーで作られた農産物を素材とした郷土料理を食べればよい。多様な在来種による多様な食べ物こそが、多様な腸内細菌を担保する。多様性からみれば、タネと内臓とは結びつく。それが、内臓と脳の健康、健やかな心身をもたらす。だとすれば、この地球に残されたタネ、在来種を守ることがなぜ大切なのかもおわかりいただけよう。

第1章では、野口法蔵師が二〇一八年七月の坐禅断食会でタネの大切さを主張したと書いた。「仏道を追求する僧侶がタネ?」と首を傾げられるかもしれないが、長野県産品として有名な「野沢菜」の原種は北信州野沢温泉にある健命寺が「寺種子(てらだね)」として守ってきた。仏教が贈与と無縁ではないようにタネとも関係する。二〇一四年四月にタネを守るために開催された「一粒萬倍二〇一四シンポジウム　種と僕らの選ぶ道」では、法蔵師は「腸を働かせて健康に、農業を通じて幸せに、生きることと日々の悟り」と題する講演をされている[33]。この講演内容と二〇一八年一〇月の坐禅断食会の法話は、まさに本書のテーマである、タネと有機農業と食べ物と腸内細菌、そして、幸せとを結ぶものだった。ということで、ヒマラヤで長く修行された法蔵師の言葉で本書の幕を閉じることとしたい。

「以前の人々の食事は粗食でしたが、腸内細菌は今の人の倍もありました。だから今の半分のカロリーでも十分に足りていたのです。ですが、今の食べ物は食品添加物や農薬だらけで腸がそれを毒物と判断するために栄養分は吸収されないし、腸内細菌も悪玉菌も増えてしまう。では何を食べれば良いのでしょうか。有機農産物は当然ですが、さらにミネラルが豊富な食べ物が重要だと私は考えます。ミネラルが多ければ腸内で細菌によって栄養素が作れるからです[32]。

ブータンは幸せ度が世界一なことで有名ですが、ブータンに幸せをもたらしているのは農業と仏教です[33]。ブータンにはすごくいいタネがあり土壌も汚染されていません[32]。ブータンを幸せにするタネを広めたのは、後に農業大臣となった植物学者、西岡京治さんです。亡くなる前にコルカタ（カルカッタ）でお会いしましたが、西岡さんはブータンでタネを自給自足する取り組みを始められた。これは『西岡プロジェクト』と名付けられ今も続いて、他国からのタネは一切入っていません。このタネで作られた農作物はとてもおいしく、例えば、ジャガイモ等は高値でインドに輸出されています。畑にまく欲しいタネのリストをあげれば国が提供してくれるのです。この農業と仏教とが結びついてブータンの有機農業は生まれました。ゆったりとした時間が流れて、国民が幸せな気持ちで日々を暮らせる国、ブータン。そこに暮らす人々の『生きること』の質を高めているのは農業なのです[33]」

［注1］メイヤー教授はマインドフルネスと禅を区別していないが、厳密に言うとテーラワーダ（小乗仏教）をベースとしたマインドフルネスと大乗仏教に基づく禅とは異なる[34]。

福岡正信翁と縁があった野口法蔵師は翁の農業哲学が、これからの「食べ方」と「生き方」を考える上ですべての人に重要になってくると主張する。そして翁のハッピーヒル（p.13参照）を自分の水田で育ててもいる。

あとがき――この星で生きる奇跡

　本文でも書いたとおり、本著に書かれた内容は「NAGANO農と食の会」での毎月の学習会での議論が中心となっている。長年、世界の農業、農法、そして日本の農政に関心を持ち続けてきたが、筆者は種子法や腸内細菌についての研究者ではない。そのうえ、本書に書かれた内容はマスコミではほとんど報じられていない。とはいえ、「ママこれ食べても本当に大丈夫？」という若者たち、とりわけ、小さな子どもを抱えた若いお母さんたちからの切実な問いかけに答える形で、毎月、夜遅くまで議論を重ねることになった。さらに、会の主催で開いた印鑰智哉氏や山田正彦元農相との学習会をはじめ、タネや食を守りたいと志を同じくする多くの方々とつながることもできた。長野というローカルな地域が話題の中心となっているとはいえ、足下から見えてきたことは、まさに普遍性のあるテーマだと思っている。

「NAGANO農と食の会」のご縁で、若いお母さんたちを中心に、本書に書いた内容を話すささやかな機会もあるのだが、現実を直視した上で、「では、どうしたらよいのか」と前向きな質問をされる方が多い。第4章に登場したロラン監督と同じく大いに勇気づけられたということで、ではどうすればよいのかだが、文献を読む限り、多くの識者が主張している対抗策は意外にシンプルである。そこで、あとがきにかえて、すぐに実践できる解決策を提示してみたい。

第一は、霞を食って生きる仙人ではない以上、どうしても体内に取り込んでしまうグリホサートをデトックスすることだ。第3章で登場したモニカ・クルーガー教授とドン・ヒューバー名誉教授によれば、ザワークラウト、つまり、乳酸発酵させたキャベツが有効だ。3章で紹介したハニーカット氏も愛用者だ。実際に、ザワークラウトのジュースと活性炭を混ぜたサプリメントを与えることでデトックスできるとの研究結果がでている[1、2、3]。キャベツを保存する古代からの技としてヨーロッパでは紀元前四世紀にまでさかのぼるが[4]、中国では二〇〇〇年以上も前からキャベツを発酵させていたとの記録も残る。このキャベツの漬物にすればデトックスだけでなく発酵によって乳酸菌等の善玉菌が増え、原料以上にビタミンが増え、消化力や養分吸収力を高める副次的効果もある[5]。キャベツを切り刻み、重量の二％の塩で塩揉みし、空気が入らないようにビンに入れ重しをしてキャベツから出る水分でキャベツを水没させ黄白色に発酵すれば完成だ。ローリエやクローブを入れるだけで味も良くなり簡単に自家製できる。私自身、毎日食べている。

第二は、値段が高くても有機農産物を買い外食・中食を減らすことだ。外食をする際も質が高い素材を使う良心的な店にいくことだ。「ＮＡＧＡＮＯ農と食の会」のメンバーの有機農産物を使う長野市内の有機レストラン「Noel Bistronomic Nagano」のオーナー兼シェフ、三村幸治氏は、まともな素材を使えば五〇〇円以下では料理は出せないと語る。海外での生活が長かっただけに、Ｆ１野菜にはミネラル分が少ないことやグリホサートの危険性にも詳しく、ザワークラウトのデトックス効果を教えてくれたのも氏だ。栄養価が高いものを食べていれば食事の量も減り、購入する食料が減る。エンゲル係数を同じにすれば、質が高い食材を高い値段で買えることになる。質が良いものを生産する農家と質がよい食材を流通する八百屋や質がよい食材で調理するレストランに多くのマネーを落とすようにしても、腹は良くなることはあれ、いっこうに懐は痛まない。

第三は食事の量そのものを減らすことだ。二〇一八年七月に参加した野口法蔵師の坐禅断食会の最後には令子夫人が「皆さん、腹黒い生き方は止めましょう」と述べた。それはアナロジーではなかった。最終日に暗茶色の宿便が出てからは身も心も軽くなり、それ以降は、便そのものが明るい白緑黄色となったからだ。食べ物と腸内細菌と身体と心はまさにつながっていることが実感できる。三村氏もよく断食をし一日一食しか食べないというが、私自身も食生活を変えることで体調が改善したことはまえがきでもふれたとおりだ。

第四に『土と内臓』ではないが暮らしの中に循環を取り入れてみたい。そのために有効なのが釣り具屋で手に入るミミズだ。ホームセンターで買ってきたプラスチック箱に泥と一緒に放り込んでいるのだが、毎日生ゴミやコーヒー滓をきれいに食べ良質のミミズ糞に変えてくれる。有機農家が生産した農産物が土へと還る循環を日々体験できるし、腸内細菌とともに生きているミミズと同じように自分も腸内細菌とともに生きている気分になってくる。

第五はミミズ堆肥がある程度ストックできれば、自家菜園を始め、そこで、安全な食べ物を生産することだ。第5章で描いたロシアも食料の四割、生鮮食料の九割は家庭菜園、ダーチャから供給されている。家庭菜園とて馬鹿にできないし、小規模家族農業や都市農業は世界的なトレンドなのだ。

内臓の方はこうした対抗手段でなんとかなるとしても、肝心のタネはどうするのか。

もちろん印鑰智哉氏は、在来種保全は公的な支援でバックアップする必要があると指摘する。地域のコミュニティが参加して地域の種子を守っていく参加型育種は世界的にも盛んになってきており、日本でも生協・農協などが参加して困難な種採り作業を支え、さらには自治体や政府を巻き込んで公的な支援制度

2018年9月、長野県池田町の臼井健二氏のパーマカルチャー菜園では自家採種のワークショップ「たねCafe」が開催された。後ろの手作りの建物では300種以上のタネが保存されている。「タネの本来の知財権は自然にある。皆を幸せにするのがタネ」と自家採種の大切さを主張する臼井健二氏（右）とNAGANO農と食の会の渡辺啓道共同代表（左）。

を作っていくことで種子法が扱っていない野菜などの種子も取り戻すことができるのではないかという。

第1章でも書いたように韓米自由貿易協定で在来種喪失の危機にさらされた韓国は、日本の都道府県にあたる道レベルで条例を制定することで抵抗している。慶尚南道を皮切りに現在一二の地方自治体で条例が制定されているが、民間NGOが諮問機関の役割を果たし、ますます多くの地方自治体が在来種保全に向け動いているという[5]。そして、日本でもまさに北海「道」が在来種保全条例を制定すべく動いている。二〇一八年七月の道議会で高橋はるみ知事は条例制定を表明。これを受けて、道民組織「北海道たねの会」は、八月四日に種子は人類の共通財産で生存権を保証するための不可欠な条件として「種子基本条例私案」を提起し、在来種の保全や種子の知的財産権の流出を防ぐことを掲げた。「NAGANO農と食の会」がある長野県も負けてはいない。九月二六日に開会した県議会で阿部知事は、優良な種子を安定的に生産・供給するための農産物種子条例（仮称）の検討を進めると所信表明した。「NAGANO農と食の会」の学習会や講演会には中島恵理副知事や小林東一郎県議会副議長、農政審議会のメンバーである埋橋茂人県議も顔を出し、種子の保全について共に考えてくれている。けれども、「北海道たねの会」代表の久田徳二北大客員教授は地方自治体レベルでの条例の限界についてこう語る。

「タネの共有財産性、農家の自家採種権、食料主権といった法体系が日本の法律、食料農業農村基本法にもないことが見えてきたのです[6]」

種子法廃止を受けて、久田客員教授が北の大地で悩んだことは、世界中の小規模農民や農業組織も感じてきたことだった。国際農民組織ヴィア・カンペシーナの二〇〇八年の提言も受けて、国連人権理事会では二〇一〇年から「小農と農村で働く人々の権利に関する国連宣言」が検討されてきた。第2章章末の補注1でふれたとおり、日本政府は種子の権利を除外することを求めてきたが、種子の権利（第一九条）を明記した宣言が賛成多数で九月二八日には採択された[7]。まさに、国際レベルと地方レベルでいのちを特許化することはおかしいとする異議申し立てが起きているのだ。

さらに、個人でもできることがある。久田徳二客員教授は公共事業が崩壊した最悪の事態に備え、民間シードバンク「タネの箱舟」を作るべきだと提唱する。そう、在来種を自家採種すればいいのだ。

「NAGANO農と食の会」のメンバーは有機農家が多いだけに自家採種をはじめている。長野県池田町で自然農法を営む臼井健二、朋子夫妻も四八〇種もの在来種を六年前から集め、贈与でわかちあっている。九月に開かれた同夫妻のワークショップでは「NAGANO農と食の会」の渡辺啓道共同代表とともに私もそのやり方を教わった。

二〇一七年一二月に都内で開かれた「日本のタネを守る会」の学習会では、秩父の農業者、長谷川満氏から秩父在来の「大滝インゲン」の種子をいただいている。アニメ『地球少女アルジュナ』には「この星で生きる奇跡」とのサブタイトルがつけられているが、播種した丸い粒が見事に芽吹き、太陽に向けてすくすくと蔓を伸ばし花をつけているのを目にしたとき、この星で生きている奇跡を確かに感じた。

最後に、本書に掲載した諸写真を提供してくださった方々が象徴するように、本書の内容は筆者が「書いた」というよりも、故人を含めて「いのち」を守りたい人々の「想い」がオートポイエティックな自己組織化によって編集されたものだと思いたい。野口法蔵師や関根佳恵准教授と知り合うことができたのは、いち早くタネの重要性を見抜き「たねとりくらぶ」を主宰され、日本におけるアグロエコロジーの普及にも尽力されてきた故本野一郎氏のご縁である。関根准教授はローマから貴重な情報をお寄せいただいたし、関根准教授の紹介でマックグリービー准教授とも知り合うことができ、「ＮＡＧＡＮＯ農と食の会」の勉強会で講演もしていただけた。印鑰智哉氏と知り合うことができたのも、アグロエコロジーのみならず贈与経済や環境倫理に関して随時有益な知見を与えてくださった故折戸えとな博士のご縁である。印鑰氏は多忙な中、下書き原稿に目を通していただいたうえ、加筆修正や有益なコメントをいただいた。本書は本来は、氏の監修とすべきであろう。そして、最後に、こうした本を世に出す機会をいただいた築地書館の土井二郎社長に感謝したい。

実りを迎えつつある大滝インゲン前の畑にて

（accessed 2018-8-25）
(32) 野口法蔵、2018 年 10 月 15 日、坐禅断食会での法話及び筆者聞き取り
(33) 野口法蔵提供資料、2014 年 4 月「一粒萬倍 2014 シンポジウム：種と僕らの選ぶ道」インタビュー「腸を働かせて健康に、農業を通じて幸せに、生きることと日々の悟り」
補注引用文献
(34) 山下良道『「マインドフルネス×禅」であなたの雑念はすっきり消える』集英社、2018 年

あとがき――この星で生きる奇跡

(1) Jennifer Lilley, Sauerkraut-charcoal supplement reverses glyphosate poisoning in cattle, *NaturalNews*, Feb01, 2015（accessed 2018-8-25）.
https://www.naturalnews.com/048476_glyphosate_poisoning_sauerkraut_charcoal.html
(2) How to Detoxify Your Body from Glyphosate Exposure, *BioFoundations*, Dec22, 2016（accessed 2018-8-25）.
https://biofoundations.org/how-to-detoxify-your-body-from-glyphosate-exposure/
(3) 前掲、第 3 章文献（14）
(4) Rick Blair, The Power of Fermentation: What Sauerkraut Can Do for You, *Natural Solutions Newsletters*, July 13, 2016（accessed 2018-8-25）.
https://www.sunfood.com/blog/newsletters/the-power-of-fermentation-what-sauerkraut-can-do-for-you/
(5) Dr. Axe, 5 Health Benefits of Sauerkraut, Plus How to Make Your Own!（accessed 2018-8-25）.
https://draxe.com/sauerkraut/
(6) 2018 年 9 月 22 日 PARC 公開講座「北海道で進む種子基本条例への動き」
(7) La Via Campesina, Press Release: UN Human Rights Council passes a resolution adopting the peasant rights declaration in Geneva（accessed 2018-8-25）
https://twitter.com/via_campesina/status/1045649482422132738

現する方法～』クロスメディア・パブリッシング（インプレス）、2018年
(9) 吉田脩二『ヒトとサルのあいだ――精神はいつ生まれたのか』文芸春秋、2008年
(10) 吉田脩二『感じる力――瞑想で人は変われる』PHP新書、2010年
(11) 2013年9月11日「ハーバード大学一番の熱烈講義 タル・ベン・シャハーの、『ポジティブ心理学』今日から、すべてが変わる!!」
(12) 頼住光子『さとりと日本人』ぷねうま舎、2017年
(13) デイビッド・モントゴメリー、アン・ビクレー『土と内臓』築地書館、2016年
(14) 野口法蔵『直感力を養う坐禅断食』七つ森書館、2015年
(15) 前掲第3章文献（20）
(16) 前掲第3章文献（21）
(17) David Graeber, *Debt The First 5,000 Years*, Melville House: May 2011.
(18) バンテ・H・グナラタナ『エイト・マインドフル・ステップス』サンガ、2014年
(19) 永沢哲『瞑想する脳科学』講談社選書メチエ、2011年
(20) ジャック・アタリ『21世紀の歴史』作品社、2008年
(21) 2018年6月23日、パルク国際連続セミナー「種子（たね）アジアの女性と語る農と食の未来」千代田区麹町区民館での印鑰智也氏の講演より
(22) 2017年12月16日、日本の種子（たね）を守る会「種子法廃止とこれからの日本の農業について」練馬区「けやきの森の季楽堂」での山田正彦元農相の講演より
(23) ロブ・ダン『世界からバナナがなくなるまえに』青土社、2017年
(24) Brian Harrison Walker, David Andrew Salt, *Resilience Thinking: Sustaining ecosystems and people in a changing world*, Island Press, 2006.
(25) C.S. "Buzz" Holling, Collapse and Renewal, Jan26, 2009（現在、サイト消失）.
http://www.peopleandplace.net/perspectives/2009/1/26/collapse_and_renewal
(26) Buzz Holling, A Journey of Discovery, *Resilience Alliance*, December 2006 (accessed 2018-8-25).
https://www.resalliance.org/files/Buzz_Holling_Memoir_2006_a_journey_of_discovery_buzz_holling.pdf
(27) David Relman, The Human Microbiome and the Future Practice of Medicine, *The Journal of the American Medical Association*, Sep2015.
(28) Elizabeth K. Costello,et al, The application of ecological theory towards an understanding of the human microbiome, *Science*, Jun 8, 2012, pp.1255-1262.
https://www.ncbi.nlm.nih.gov/pmc/articles/PMC4208626/ (accessed 2018-8-25)
(29) ジャスティン ソネンバーグ、エリカ ソネンバーグ『腸科学――健康・長生き・ダイエットのための食事法』ハヤカワ・ノンフィクション文庫、2018年
(30) 印鑰智也氏、2018年10月18日付フェイスブックより
https://www.facebook.com/InyakuTomoya/posts/2882125881814223（2018年10月18日アクセス）
(31) 2018年10月10日消費者庁「新たな遺伝子組換え表示制度に係る内閣府令一部改正案の考え方」
http: //search.e-gov.go.jp/servlet/PcmFileDownload?seqNo＝0000178817

(14) Christopher Bergland, The Microbiome-Gut-Brain Axis Relies on Your Vagus Nerve, *Psychology Today*, Aug 23, 2017（accessed 2018-8-25）.
https://www.psychologytoday.com/us/blog/the-athletes-way/201708/the-microbiome-gut-brain-axis-relies-your-vagus-nerve
(15) Mark Setton, Happiness and Our Gut Bacteria-new studies and what we can do, *Pursuit of Happiness*, Sep12, 2015（accessed 2018-8-25）.
http://www.pursuit-of-happiness.org/happiness-and-our-gut-bacteria-new-studies-and-what-you-can-do/
(16) Rachel Champeau, Changing gut bacteria through diet affects brain function, UCLA study shows, *UCLA Newsroom*, May 28, 2013（accessed 2018-8-25）.
http://newsroom.ucla.edu/releases/changing-gut-bacteria-through-245617
(17) Kato-Kataoka et.al, Fermented Milk Containing Lactobacillus casei Strain Shirota Preserves the Diversity of the Gut Microbiota and Relieves Abdominal Dysfunction in Healthy Medical Students Exposed to Academic Stress, *The National Center for Biotechnology Information*, May 2016（accessed 2018-8-25）.
https://www.ncbi.nlm.nih.gov/pubmed/27208120
(18) 前掲、第3章文献（20）
(19) 辨野義己『大便通』幻冬舎新書、2012年
(20) デイビッド・パールマター『「腸の力」であなたは変わる』三笠書房、2016年
(21) Christopher Bergland, Does Gut Microbiome Influence Mindset and Mental Toughness?, *Psychology Today*, Aug 20, 2017（accessed 2018-8-25）.
https://www.psychologytoday.com/blog/the-athletes-way/201708/does-gut-microbiome-influence-mindset-and-mental-toughness
(22) 前掲、第3章文献（21）
(23) Peter Amdrey Smith, Can the Bacteria in Your Gut Explain Your Mood?, *New York Times*, June23, 2015（accessed 2018-8-25）.
https://www.nytimes.com/2015/06/28/magazine/can-the-bacteria-in-your-gut-explain-your-mood.html

第8章　タネと内臓——人類史の九九%は狩猟採集民だった

(1) ミハイ・チクセントミハイ『フロー体験 喜びの現象学』世界思想社、1996年
(2) イローナ・ボニウェル『ポジティブ心理学が1冊でわかる本』国書刊行会、2015年
(3) マチウ・リカール『Happiness 幸福の探求』評言社、2008年
(4) ユヴァル・ノア・ハラリ『サピエンス全史・上』河出書房新社、2016年
(5) 久賀谷亮『世界のエリートがやっている最高の休息法』ダイヤモンド社、2016年
(6) ジャドソン・ブルワー『あなたの脳は変えられる「やめられない！」の神経ループから抜け出す方法』ダイヤモンド社、2018年
(7) ジョン・レイティ他『GO WILD 野生の体を取り戻せ！』NHK出版、2014年
(8) 鈴木祐『最高の体調〜進化医学のアプローチで、過去最高のコンディションを実

regional-agroecology-seminar-innovation-and-power
(15) 印鑰智哉氏私信
(16) Octavia Hopwood, Born from the Earth: how the soil nourishes us, Why studying our origins from the bedrock could help us quench our nutritional deprivation, *59degrees*, July 10, 2018 (accessed 2018-8-25).
https://59degrees.se/planet-health/rock-people/

第７章　究極のデトックス――腸内細菌が健全化すれば心身ともに健やかに

(1) アランナ・コリン『あなたの体は９割が細菌』河出書房新社、2016 年
(2) Tim Newman, Gut bacteria and the brain: Are we controlled by microbes?, *Medical News Today*, Sep7, 2016. (accessed 2018-8-25)
https://www.medicalnewstoday.com/articles/312734.php
(3) Psychobiotics-Probiotics for the Brain, *Supplements in Review*, July4, 2016 (accessed 2018-8-25).
https://supplementsinreview.com/nootropic/psychobiotics-probiotics-for-the-brain/
(4) NHK スペシャル取材班『腸内フローラ 10 の真実』主婦と生活社、2015 年
(5) 福士審「腸と脳の密接な関係」脳と心の招待 (2017) 文芸春秋 SPECIAL 季刊夏号 40 号
(6) デイビッド・パールマター『「いつものパン」があなたを殺す』(2015) 三笠書房
(7) 藤田紘一郎『脳はバカ、腸はかしこい』三五館、2012 年
(8) Peter Andrey Smith, Can the Bacteria in Your Gut Explain Your Mood?, *New York Times*, June 23, 2015 (accessed 2018-8-25).
https://www.nytimes.com/2015/06/28/magazine/can-the-bacteria-in-your-gut-explain-your-mood.html
(9) 藤田紘一郎『腸内革命』海竜社、2011 年
(10) Christie Aschwanden, How Your Gut Affects Your Mood, *Five Thirty Eight*, May19, 2016 (accessed 2018-8-25).
https://fivethirtyeight.com/features/gut-week-gut-brain-axis-can-fixing-my-stomach-fix-me/
(11) Amy Fleming, Is your gut microbiome the key to health and happiness?, *The Guardian*, Mon 6 Nov 2017 (accessed 2018-8-25).
https://www.theguardian.com/lifeandstyle/2017/nov/06/microbiome-gut-health-digestive-system-genes-happiness
(12) McMaster University, Knowing it in your gut': Cross-talk between human gut bacteria and brain, *Science Daily*, Mar24, 2011 (accessed 2018-8-25).
https://www.sciencedaily.com/releases/2011/03/110323140247.htm
(13) Tom Siegfried, Microbes at home in your gut may also be influencing your brain, *Science News*, May 28, 2013 (accessed 2018-8-25).
https://www.sciencenews.org/article/microbes-home-your-gut-may-also-be-influencing-your-brain

Bloomberg, Sep29, 2017（accessed 2018-8-25).
https://www.bloomberg.com/news/articles/2017-09-28/russia-farm-boom-fueling-seed-making-shift-to-challenge-monsanto-j852crw7
(39) 堤未果『日本が売られる』幻冬舎新書、2018年
(40) 鈴木宣弘「日米ともに遺伝子組み換え表示厳格化法、実は『非表示』法？」コラム：食料・農業問題　本質と裏側、農業協同組合新聞、2018年5月17日
(41) Jonathan Benson, Russia, s small schale organic agriculture model may hold the key to feeding the world, Sep29, 2012.

第６章　ブラジル発の食料・栄養保障――ミネラル重視の食で健康を守る

(1) ユヴァル・ノア・ハラリ『サピエンス全史・上』河出書房新社、2016年
(2) 白澤卓二『体が生まれ変わるケトン体食事法』三笠書房、2015年
(3) 白澤卓二『あなたを生かす油 ダメにする油』KADOKAWA、2015年
(4) 江部康二『人類最強の「糖質制限」論 ケトン体を味方にして痩せる、健康になる』SB新書、2016年
(5) 宗田哲男『ケトン体が人類を救う』光文社新書、2015年
(6) 藤田紘一郎『脳はバカ、腸はかしこい』三五館、2012年
(7) スティーブン・マックグリービー准教授より聞き取り
(8)『キング・コーン――世界を作る魔法の一粒』より
(9) 内山葉子医師講演会及び同医師より聞きとり
(10) Bridget Huber, Welcome to Brazil, Where a Food Revolution Is Changing the Way People Eat, *The Nation*, July28, 2016（accessed 2018-8-25).
https://www.thenation.com/article/slow-food-nation-2/
(11) M. Jahi Chappell, Final Day at the FAO Regional Agroecology Seminar in Brazil-The Struggle Ahead, *The Institute for Agriculture and Trade Policy*, June 29, 2015（accessed 2018-8-25).
https://www.iatp.org/blog/201506/final-day-at-the-fao-regional-agroecology-seminar-in-brazil-% E2% 80% 93-the-struggle-ahead
(12) Final recommendations of the regional seminar on agroecology in Latin America and the Caribbean, FAO, 2015（accessed 2018-8-25).
http://www.fao.org/3/a-au442e.pdf
(13) Paulo Petersen and Flavia Londres, The Regional Seminar on Agroecology in Latin America and the Caribbean A summary of outcomes, *ILEIA*, 2016（accessed 2018-8-25).
https://www.ileia.org/wp-content/uploads/2016/07/FINAL-LAC-Seminar-with-layout.pdf
(14) M. Jahi Chappell, Day two at the Latin America & Caribbean Regional Agroecology Seminar: innovation and power in agroecology, *The Institute for Agriculture and Trade Policy*, June 25, 2015（accessed 2018-8-25).
https://www.iatp.org/blog/201506/day-two-at-the-latin-america-caribbean-

https://journal-neo.org/2016/04/21/now-russia-makes-an-organic-revolution/
(27) F. William Engdahl, Russia Number One World Wheat Exporter, *Manifest Destiny*, June15, 2016 (accessed 2018-8-25).
http://www.williamengdahl.com/englishNEO15June2016.php
(28) Callie, Putin Grows Organic Indoor Farming, *Beyond The Garden*, Nov 5, 2016 (accessed 2018-8-25).
https://gardenculturemagazine.com/beyond-the-garden/putin-grows-organic-indoor-farming/
(29) Randel Agrella, Putin's Move To Go GMO-Free In Russia, *Baker Creek Heirloom Seed*, 2011 (accessed 2018-8-25).
https://www.rareseeds.com/putins-move-to-go-gmo-free-in-russia-/
(30) Putin vows to make Russia major supplier of organic food to Asia-Pacific Region, *Russia Today*, Nov11, 2017 (accessed 2018-8-25).
https://www.rt.com/business/409317-russia-eco-food-leader/
(31) Paul Simpson, Vladimir Putin: the world's most unlikely organic food tycoon, *supply-management*, Jan7, 2016 (accessed 2018-8-25).
https://www.cips.org/supply-management/news/2016/january/vladimir-putin-the-worlds-most-unlikely-organic-food-tycoon/
(32) Russia: Grain and Feed Update, *The Foreign Agricultural Service, USDA*, Feb27, 2018 (accessed 2018-8-25).
https://www.fas.usda.gov/data/russia-grain-and-feed-update-10
(33) Russian Organic Farming Surplus Russian Organic Farming Surplus: Exporting Non-GMO Produce and Food, *Dynamic Mind Publishing*, Nov4, 2016 (accessed 2018-8-25).
http://www.reach-unlimited.com/p/416721679/russian-organic-farming-surplus--exporting-nongmo-produce-and-food
(34)「ロシア穀物豊作　コメも自給国に」スプートニク 2016年11月9日(閲覧 2018年8月25日)
https://jp.sputniknews.com/russia/201611092989550/
(35) Alexey Kuzmenko, Heavy demand for Russian rice overseas, *Russia Beyond*, Oct 9, 2012 (accessed 2018-8-25).
https://www.rbth.com/articles/2012/10/09/heavy_demand_for_russian_rice_overseas_18247
(36) Paul Fassa, Putin Declares Russia GMO Free! To Become a Top Exporter of Organics, *REALfarmacy.com* (accessed 2018-8-25).
https://realfarmacy.com/putin-russia-gmo-free/
(37) Zoya Sheftalovich and Christian Oliver, Russia's boom (farming) economy, *Politico*, Nov8, 2016 (accessed 2018-8-25).
https://www.politico.eu/article/russias-boom-farming-economy/
(38) Anatoly Medetsky, The Plan to Feed All Russians Hinges On Homemade Seeds,

U.S. Media Silent as Putin Declares Russia GMO-Free, *Eco News Media*, July31, 2017（accessed 2018-8-25）.
https://www.globalresearch.ca/gmo-free-russia-to-become-top-producer-of-organic-food/5603686
(16) Elena Sharoykina, Europe- "Green" Alliance with Russia or experimental field for genetic Monsters?, *Defend Democracy Press*, Oct20, 2016（accessed 2018-8-25）.
(17) Elena Sharoykina
https://ipfs.io/ipfs/QmXoypizjW3WknFiJnKLwHCnL72vedxjQkDDP1mXWo6uco/wiki/Elena_Sharoykina.html（accessed 2018-8-25）
(18) George Dvorsky, Iowa Researchers Accuse Russia of Injecting Anti-GMO Propaganda Into U.S. Media, *Gizmodo*, Feb27, 2018（accessed 2018-8-25）.
https://gizmodo.com/iowa-researchers-accuse-russia-of-injecting-anti-gmo-pr-1823364808
(19) Paul Danish, Russia's war on GMOs, *Boulder Weekly*, Mar15, 2018（accessed 2018-8-25）.
http://www.boulderweekly.com/opinion/russias-war-gmos/
(20) Anthony Gucciardi, Russia Banned Monsanto's GMOs: Russia Has Decided to BAN The Use Of Genetically Modified Ingredients In All Food Production, *Defend Democracy Press*, Aug29, 2016.（accessed 2018-8-25）
http://www.defenddemocracy.press/russia-banned-monsantos-gmos/
(21) Lisa Garber, GMO Study Broadcast: Russian GMO Rat Experiment to be Broadcast 24/7, *Activist Post*, Oct4, 2012.（accessed 2018-8-25）
https://www.activistpost.com/2012/10/gmo-study-broadcast-russian-gmo-rat.html
(22) Christina Sarich, Breaking: Russian Lawmakers Want to Impose Criminal Penalties on those Conducting GMO Business, *Natural Society*, May 19, 2014.
http://naturalsociety.com/breaking-russian-lawmakers-want-impose-criminal-penalties-conducting-gmo-business/（accessed 2018-8-25）
(23) Peter Roudik, Jurisdiction: Russian Federation, July 1, 2016（サイト消滅）.
http://www.loc.gov/law/foreign-news/article/russia-full-ban-on-food-with-gmos/
(24) Wyatt Bechtel, Russia may have hacked people's thoughts on GMOs in addition to their political views, *Farm Journal*, Feb28, 2018（accessed 2018-8-25）.
https://www.dairyherd.com/article/russia-accused-spreading-anti-gmo-propaganda-online
(25) Putin: Russia Will be World's Largest Supplier of Healthy Organic Food, *Sustainable Pulse*, Dec3, 2015（accessed 2018-8-25）.
https://sustainablepulse.com/2015/12/03/putin-russia-will-be-worlds-largest-supplier-of-healthy-organic-food/
(26) F. William Engdahl, Now Russia Makes an Organic Revolution, *New Eastern Outlook*, Apr21, 2016（accessed 2018-8-25）.

(3) 安田節子『遺伝子組み換え食品を食べるのは危険です』「日本のお米が消える」月刊日本（2018）2月号増刊

(4) Mike Adams, Russia bans all GM corn imports; EU may also ban Monsanto GMO in wake of shocking cancer findings, *Natural News*, Sep 26, 2012（accessed 2018-8-25）.
https://www.naturalnews.com/037328_Russia_GMO_Monsanto.html

(5) GMO producers should be punished as terrorists, Russian MPs say, *Russia Today*, May15, 2014（accessed 2018-8-25）.
https://www.rt.com/news/159188-russia-gmo-terrorist-bill/

(6) Russian anti-GMO activists raise funds for 'first-ever' independent intl research, *Russia Today*, Nov24, 2014（accessed 2018-8-25）.
https://www.rt.com/news/159580-russia-anti-gmo-activists/

(7) Andrew Porterfield, Risky move? Inside look at why Russia has turned against GMOs, *Genetic Literacy Project*, May 24, 2017（accessed 2018-8-25）.
https://geneticliteracyproject.org/2017/05/24/risky-move-inside-look-russia-turned-gmos/

(8) Nadezhda Novoselova, Attitude toward GMOs In Russia, *NAGS*, Apr17, 2015（accessed 2018-8-25）.
https://gmo.kormany.hu/download/c/4d/e0000/Novoselova%20%20Nadya%20Russia%20presentation.pdf

(9) Peter Roudik, Jurisdiction: Russian Federation, July1, 2016（accessed 2018-8-25）.
http://www.loc.gov/law/foreign-news/article/russia-full-ban-on-food-with-gmos/

(10) Sean Adl-Tabatabai, Putin: GMO Food Is Now Illegal In Russia, *Your News Wire*, June30, 2016（accessed 2018-8-25）.
http://yournewswire.com/putin-gmo-food-is-now-illegal-in-russia/

(11) Caroline Coatney, Why does Russia Plan to Stop GMO Cultivation and Imports?, *Biology Fortified*, June6, 2014（accessed 2018-8-25）.
https://www.biofortified.org/2014/06/why-does-russia-plan-to-stop-gmo-cultivation-and-imports/

(12) Pro-GMO Researchers Attempt to Use Anti-Russian Sentiment to Attack Media, *Sustainable Pulse*, Feb 27, 2018（accessed 2018-8-25）.

(13) Putin: Russia Will be World's Largest Supplier of Healthy Organic Food, *Sustainable Pulse*, Dec3, 2015（accessed 2018-8-25）.
https://sustainablepulse.com/2015/12/03/putin-russia-will-be-worlds-largest-supplier-of-healthy-organic-food/#.

(14) Rat reality show: Russian scientists to broadcast GMO experiment, *Russia Today*, Sep29, 2012（accessed 2018-8-25）.
https://www.rt.com/news/gmo-experiment-online-rats-240/

(15) Eco News Media, GMO Free: Russia to Become Top Producer of Organic Food,

https://www.tandfonline.com/doi/abs/10.1080/03066150903498804
(14) Jan Douwe van der Ploeg, Theme overview-Ten qualities of family farming, *Farming Matters 29.4*, ILEIA, Dec19, 2013（accessed 2018-8-25).
https://www.ileia.org/2013/12/19/theme-overview-ten-qualities-family-farming-2/
(15) Jan Douwe van der Ploeg, Peasant-driven agricultural growth and food sovereignty, *The Journal of Peasant Studies*（Volume 41, 2014）pp. 999-1030.
https://www.tandfonline.com/doi/abs/10.1080/03066150.2013.876997
(16) Law on the Future of Agriculture: major advances for farmers and citizens, *gouvernement. fr*, Sep11, 2014（accessed 2018-8-25).
https://www.gouvernement.fr/en/law-on-the-future-of-agriculture-major-advances-for-farmers-and-citizens
(17) Peter Rosset, Food Sovereignty and Agroecology in the Convergence of Rural Social Movements, *Research in Rural Sociology and Development*（Volume 21）pp.137-157.（accessed 2018-8-25）
https://www.emeraldinsight.com/doi/abs/10.1108/S1057-192220140000021001
(18) ドキュメンタリー「TOMORROW パーマネントライフを探して」公式サイト（閲覧 2018 年 8 月 25 日）
http://www.cetera.co.jp/tomorrow/
(19) 2016 年 12 月 19 日：杉本穂高「恐怖で人は動機づけられない。『TOMORROW パーマネントライフを探して』シリル・ディオン監督インタビュー」（閲覧 2018 年 8 月 25 日）
https://www.huffingtonpost.jp/hotaka-sugimoto/tomorrow-interview_b_13704310.html
(20) 第 71 回トランジション・ムーブメント発祥の地：イギリス、トットネス、エコネット東京 62（閲覧 2018 年 8 月 25 日）
http://all62.jp/ecoacademy/71/01.html
(21) Fiona Ward, Jay Tompt, Frances Northrop, *REconomy Project*, Transition Town Totnes, 2013（accessed 2018-8-25).
https://reconomycentre.org/home/economic-blueprint/
(22) Manuel Flury, Second International Symposium on Agroecology, FAO, Rome, 3-5 April 2018, GPFS.

第 5 章　ロシアの遺伝子組み換え食品フリーゾーン宣言
――武器や石油より有機農産物で稼げ

(1) Declan Butler, Rat study sparks GM furore, *Nature News*, Sep25, 2012（accessed 2018-8-25).
https://www.nature.com/news/rat-study-sparks-gm-furore-1.11471
(2) J. D. Heyes, Russia completely suspends use of Monsanto's GM corn, *Natural News*, Sep30, 2012（accessed 2018-8-25).
https://www.naturalnews.com/037370_Russia_GM_corn_Monsanto.html

第４章　フランス発アグロエコロジー——小さな百姓と町の八百屋が最強のビジネスに

(1)　印鑰智哉氏の６月13日のフェイスブック

(2)　Joseph Mercola, France Finds Monsanto Guilty of Lying, *Dr. Mercola's Natural Health Newsletter*, Nov 21, 2009（前掲).

(3)　Holly Yan, Jurors give $289 million to a man they say got cancer from Monsanto's Roundup weedkiller, *CNN*, Aug12, 2018（accessed 2018-8-25).
https://edition.cnn.com/2018/08/10/health/monsanto-johnson-trial-verdict/index.html

(4)　Monsanto guilty in 'false ad' row, *BBC*, Oct15, 2009（accessed 2018-8-25).
http://news.bbc.co.uk/2/hi/europe/8308903.stm

(5)　Paulo Petersen and Flavia Londres, The Regional Seminar on Agroecology in Latin America and the Caribbean A summary of outcomes, *ILEIA*, 2016.
https://www.ileia.org/wp-content/uploads/2016/07/FINAL-LAC-Seminar-with-layout.pdf（accessed 2018-8-25）

(6)　Samuel Féret, France to become EU leader of agroecology?, *Agricultural and Rural Convention*, Jan3, 2013.（accessed 2018-8-25）
http://www.arc2020.eu/france-to-become-leader-of-agroecology-in-europe/

(7)　The Agroecology Project in France, *Ministry of Agriculture, Agrifood and Forestry*, april, 2016（accessed 2018-8-25).
http://agriculture.gouv.fr/sites/minagri/files/1604-aec-aeenfrance-dep-gb-bd1.pdf

(8)　The Agroecology in France, Ministry of Agriculture, Agrifood and Forestry（accessed 2018-8-25).
http://agriculture.gouv.fr/sites/minagri/files/plaqmingb72_0.pdf

(9)　Ruth West,What is Agroecology? Why does is matter?, *The Campaign for Real Farming*, Oct10, 2017.（accessed 2018-8-25）
http://www.campaignforrealfarming.org/2017/10/what-is-agroecology-why-does-is-matter/

(10)　Peter Crosskey, Writing agroecology into law, *Sustainable Food Trust*, Feb6, 2015.（accessed 2018-8-25）
https://sustainablefoodtrust.org/articles/writing-agroecology-law/

(11)　Peter Crosskey, New Law, Contested Agroecology-France's Loi d'Avenir, *Agricultural and Rural Convention*, Feb4, 2016.（accessed 2018-8-25）
http://www.arc2020.eu/a-new-law-a-contested-agroecology-frances-loi-davenir/

(12)　Hyo Jeong Kim, Women's Indigenous Knowledge and Food Sovereignty: Experiences from KWPA's Movement in South Korea, *Food Sovereignty: a critical dialogue*, September 14-15, 2013（accessed 2018-8-25).
https://www.tni.org/files/download/71_hyojeong_2013_0.pdf

(13)　María Elena Martínez-Torres; Peter M. Rosset, La Vía Campesina: the birth and evolution of a transnational social movement, *The Journal of Peasant Studies*（Volume 37, 2010）pp.149-175.

2018-8-25).
https://articles.mercola.com/sites/articles/archive/2011/12/10/dr-don-huber-interview-part-1.aspx
(13) Joseph Mercola, Toxicology Expert Speaks Out About Roundup and GMOs, *Dr. Mercola's Natural Health Newsletter*, Oct6, 2013 (accessed 2018-8-25).
https://articles.mercola.com/sites/articles/archive/2013/10/06/dr-huber-gmo-foods.aspx
(14) Dave Asprey, Why We Need to KO the GMO with Don Huber-#318, *Bulletproof*, 2016 (accessed 2018-8-25).
https://blog.bulletproof.com/don-huber-318/
(15) Graeme Sait, Nutrition and Disease-Interview with Professor Don Huber-Part2, *Nutri-Tech Solutions*, Dec5, 2016 (accessed 2018-8-25).
http://blog.nutri-tech.com.au/don-huber-2/
(16) Joseph Mercola, Glyphosate May Be Worse Than DDT, Which Has Now Been Linked to Alzheimer's Disease, Decades After Exposure, *Dr. Mercola's Natural Health Newsletter*, Feb 13, 2014 (accessed 2018-8-25).
https://articles.mercola.com/sites/articles/archive/2014/02/13/glyphosate-ddt-alzheimers.aspx
(17) Joseph Mercola, France Finds Monsanto Guilty of Lying, *Dr. Mercola's Natural Health Newsletter*, Nov 21, 2009 (accessed 2018-8-25).
https://articles.mercola.com/sites/articles/archive/2009/11/21/France-Finds-Monsanto-Guilty-of-Lying.aspx
(18) Graeme Sait, Nutrition and Disease-Interview with Professor Don Huber-Part1, *Nutri-Tech Solutions*, 31 Aug, 2016 (accessed 2018-8-25).
http://blog.nutri-tech.com.au/don-huber-1/
(19) 山極寿一『暴力はどこからきたか 人間性の起源を探る』NHK ブックス、2007 年
(20) ジュリア・エンダース『おしゃべりな腸』サンマーク出版、2015 年
(21) エムラン・メイヤー『腸と脳』紀伊國屋書店、2018 年
(22) 2017 年 4 月 1 日「『Moms Across America』代表 Zen さんをお招きしての講演会 in 福岡」共生の時代第 374 号：グリーンコープ共同体理事会
https://www.greencoop.or.jp/kyousei/pdf/kj201704.pdf
(23) 2017 年 4 月 24 日：纐纈美千世「つながろう世界のママたち 遺伝子組み換え食品はいらない！」消費者リポート 4 月号特集、日本消費者連盟（accessed 2018-8-25）
http://nishoren.net/publishment/8771
(24) 2017 年 4 月 10 日：天笠啓祐「遺伝子組換え食品から子どもを守る！ 全米各地で動き出したママたち」生協の宅配パルシステム（accessed 2018-8-25）
http://kokocara.pal-system.co.jp/2017/04/10/moms-across-america-says-no-gmo/

政府代表が「たねの権利」を認めないと発言。国連議場で繰り広げられた国際バトルと対米追従」Lifestyle &平和&アフリカ & 教育& Others
https://afriqclass.exblog.jp/238467300/ (accessesd 2018-9-30)
(16) 2018年9月2日の静岡県浜松市天竜区春野町での「ラブファーマーズカンファレンス」での講演より
(17) エップ・レイモンド他『種子法廃止と北海道の食と農』寿郎社、2018年

第3章 米国発の反遺伝子組み換え食品革命——消費を通じて世の中を変える

(1) Yu Suzuki『一生リバウンドしないパレオダイエットの教科書』扶桑社、2016年
(2) ブルース・ファイブ『ココナッツオイル健康法』WAVE出版、2014年
(3) 崎谷博征『「原始人食」が病気を治す』マキノ出版、2013年
(4) Susan Scutti, Nutritional Value Of Corn: Does GMO Corn Contain The Same Nutrients?, *Medical daily*, Jun 4, 2013 (accessed 2018-8-25).
https://www.medicaldaily.com/nutritional-value-corn-does-gmo-corn-contain-same-nutrients-246496
(5) Study reveals GMO corn to be highly toxic, *Russia Today*, Apr15, 2013(accessed 2018-8-25).
https://www.rt.com/usa/toxic-study-gmo-corn-900/
(6) Zen Honeycutt, Stunning Corn Comparison: GMO versus NON GMO, *Moms across america*, Mar15, 2013 (accessed 2018-8-25).
https://www.momsacrossamerica.com/stunning_corn_comparison_gmo_versus_non_gmo
(7) GM Watch, Comment on 2012 corn comparison report, GM Watch, Apr19, 2013 (accessed 2018-8-25).
https://www.gmwatch.org/en/news/archive/2013/14751-comment-on-2012-corn-comparison-report
(8) Mae-Wan Ho, "Stunning" Difference of GM from non-GM Corn, *The Permaculture Research Institute*, Apr22, 2013. (accessed 2018-8-25)
https://permaculturenews.org/2013/04/22/stunning-difference-of-gm-from-non-gm-corn/
(9) Zen Honeycutt, More Info on 2012 Corn Comparison Report, *Moms across america*, Apr12, 2013 (accessed 2018-8-25).
https://www.momsacrossamerica.com/more_info_on_2012_corn_comparison_report
(10) 2016年11月4日「ゼン・ハニーカットさん来日時のメッセージ」オルタ・トレードジャパン (accessed 2018-8-25)
http://altertrade.jp/archives/13035
(11) 印鑰智哉氏の2018年1月20日、3月17日の講演より
(12) Joseph Mercola, Sudden Death Syndrome: The Hidden Epidemic Destroying Your Gut Flora, *Dr. Mercola's Natural Health Newsletter*, Dec10, 2011 (accessed

引用文献

第１章　タネはいのち――アニメの巨匠が描いた世界

(1)　韓国の女性農民連合のウェブサイトより
http://www.sistersgarden.org/introduction/origin_seed (accessed 2018-8-25)
(2)　野口法蔵『心の訓練―死を想え チベットの命取扱い書』よろず医療会ラダック基金、1999年及び坐禅断食会での同夫妻からの筆者聞き取り
(3)　野口勲『タネが危ない』日本経済新聞出版社、2011年

第２章　タネから垣間見える、もうひとつの世界の潮流

(1)　鈴木宣弘「従順な日本がグローバル種子企業の世界で唯一・最大の餌食にされつつある～種子と関連問題の再整理～」コラム：食料・農業問題　本質と裏側、農業協同組合新聞、2018年9月21日
https://www.jacom.or.jp/column/2018/09/180921-36176.php
(2)　鈴木宣弘『種子法廃止「附帯決議」は気休めにもならない』コラム：食料・農業問題　本質と裏側、農業協同組合新聞、2017年10月5日
https://www.jacom.or.jp/column/2017/10/171005-33771.php (accessed 2018-8-25)
(3)　「日本のお米が消える」(2018) 月刊日本2月号増刊
(4)　スティーブン・マックグリービー准教授より筆者聞き取り
(5)　Elena Sharoykina, Europe- “Green” Alliance with Russia or experimental field for genetic Monsters?, *Defend Democracy Press*, Oct20, 2016 (accessed 2018-8-25).
http://www.defenddemocracy.press/europe-green-alliance-russia-experimental-field-genetic-monsters/
(6)　内田樹『街場の憂国論』文春文庫、2018年
(7)　見田宗介『現代社会はどこに向かうか――高原の見晴らしを切り開くこと』岩波新書、2018年
(8)　渡辺京二『原発とジャングル』晶文社、2018年
(9)　Matthieu Ricard, ALRUISM: the Power of Compassion to change yourself and the world, Atlantic Books, 2015. 及び Dacher Keltner, The Power Paradox, How we gain and lose influence, Penguin Books, 2016.
(10)　Penny Spikins, How Compassion Made us Human, the evolutionary Origins of Tenderness, Trust and Morality, Pen and Sword Archaeology, 2015
(11)　女性自身2018年8月24日の記事
(12)　「週刊プレイボーイ」2018年9月17号
(13)　堤未果『日本が売られる』幻冬舎新書、2018年
(14)　山田正彦『タネはどうなる⁉ ――種子法廃止と種苗法適用で』サイゾー、2018年
(15)　2018年4月18日：船田クラーセンさやか「国連「小農の権利宣言」議論で、日本

著者紹介――吉田太郎（よしだ　たろう）

一九六一年東京生まれ。筑波大学自然学類卒。同大学院地球科学研究科中退。

話題になった『２００万都市が有機野菜で自給できるわけ』『世界がキューバ医療を手本にするわけ』などのキューバ・リポート・シリーズの他、『文明は農業で動く――歴史を変える古代農業の謎』『コロナ後の食と農――腸活・菜園・有機給食』（以上築地書館）や『地球を救う新世紀農業――アグロエコロジー計画』（筑摩書房）などアグロエコロジーの著作を執筆してきた。

ＮＡＧＡＮＯ農と食の会会員。小さな有機家庭菜園で自家採種を行う他、大病を契機に鎌倉での坐禅会や松本での坐禅断食会にも参加し、タネと内臓のつながりを自らも探求している。

タネと内臓——有機野菜と腸内細菌が日本を変える

二〇一八年一二月七日　初版発行
二〇二一年　七月六日　四刷発行

著者——吉田太郎
発行者——土井二郎
発行所——築地書館株式会社
東京都中央区築地七—四—四—二〇一　〒一〇四—〇〇四五
電話〇三—三五四二—三七三一　FAX〇三—三五四一—五七九九
振替〇〇一一〇—五—一九〇五七
ホームページ＝http://www.tsukiji-shokan.co.jp/
印刷・製本——シナノ印刷株式会社
装丁——秋山香代子（grato grafica）

　ISBN 978-4-8067-1574-0

●築地書館の本●

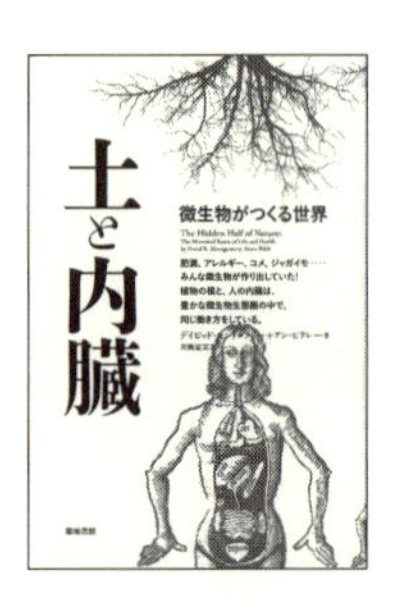

土と内臓

微生物がつくる世界

デイビッド・モントゴメリー＋アン・ビクレー［著］
片岡夏実［訳］
2,700 円 + 税

農地と私たちの内臓にすむ微生物への、医学、農学による無差別攻撃の正当性を疑い、地質学者と生物学者が微生物研究と人間の歴史を振り返る。微生物理解によって、たべもの、医療、私たち自身の体への見方が変わる本。

土・牛・微生物

文明の衰退を食い止める土の話

デイビッド・モントゴメリー［著］片岡夏実［訳］
2,700 円 + 税

足元の土と微生物をどのように扱えば、世界中の農業が持続可能で、農民が富み、温暖化対策になるのか。
不耕起栽培や輪作・混作、有畜農業、アジアの保全型農業など、篤農家や研究者の先進的な取り組みを世界各地で取材。世界から飢饉をなくせる、輝かしい未来を語る。

●築地書館の本●

信州はエネルギーシフトする

環境先進国・ドイツをめざす長野県

田中信一郎［著］

1,600円＋税

地域経済がうるおうエネルギー政策は、どのように生まれ、実行されているのか。5年にわたって長野県の政策担当者として実務を担った著者が、政策の内実をていねいに解説し、成功への鍵を示す。

あわせて、県内の行政、企業、市民ネットワークの担い手を紹介して、信州エネルギーシフトの全貌を示す。

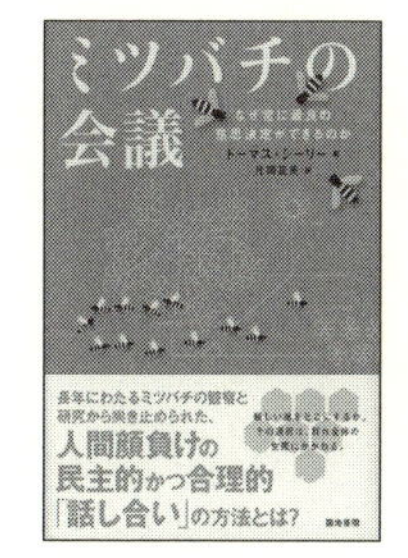

ミツバチの会議

なぜ常に最良の意思決定ができるのか

トーマス・シーリー［著］片岡夏実［訳］

2,800円＋税

新しい巣をどこにするか。

群れにとって生死にかかわる選択を、ミツバチたちは民主的な意思決定プロセスを通して行ない、常に最良の巣を選び出す。

その謎に迫るため、森や草原、海風吹きすさぶ岩だらけの島へと、ミツバチを追って、著者はどこまでも行く。